课 题 组

· 总顾问 ·

沈　浩　教授，媒体融合传播国家重点实验室首席科学家

· 指导老师 ·

吕　欣　教授，博士生导师

黄浩程　媒体融合传播国家重点正高级工程师

· 课题组组长 ·

张丽锦

· 数据分析组 ·（排名不分先后）

组　长： 王　钰

境　内： 卢　伟　李　菲　欧铭玮　孙子涵　刘彦雨　于　淼　张超竟

境　外： 臧海粟　王乙冰　谢云虹　郭忠宁　孙浩然　李晓月

· 调研及文案组 ·（排名不分先后）

公宣迪　高子晗　龚倚玄　权文熙　刘丽慧　王熙涵　陈昱润　肖思睿

姚杨曌　王　芮　吴　月　黄慎泽　王舒一　胡瑞滢　李　鑫

张丽锦 黄浩程 吕欣 沈浩 著

2025 中国数字人影响力指数报告

中国传媒大学出版社
·北京·

序

“技术”一词来源于古希腊语，意指技能、技艺以及美的艺术。海德格尔在对技术的追问中认为“技术乃是一种解蔽方式”，可以揭示尚未到来之物。关注“数字人”正是源于我们对未来的好奇心，源于我们对技术的不断追问；聚焦“数字人”影响力研究也正是我们基于传媒基因对“技术＋艺术”的解蔽方式。

2021年被称为元宇宙元年。这一年，国家“十四五”规划开年，并将虚拟现实列为数字经济重点产业；这一年，数字人行业开始快速发展，走进中国大众的工作与生活；这一年，课题组核心成员集结，中国传媒大学媒体融合与传播国家重点实验室及后来组建的中国传媒大学数字人研究院团队开始深入参与数字人行业实践及观察；这一年，课题组选定了传播力、创新力和社会力三个基本考察维度的26个具体指标来衡量虚拟数字人的影响力——是的，这个体系创新借鉴了真人的影响力指标，并将其应用于虚拟数字人IP的影响力评估体系。

自2022年首期报告发布以来，课题组始终秉承“关注前沿技术趋势，构建科学坐标系，促进行业产学研融合发展”的理念，围绕数字人产业与生态进行深耕，形成了学术研究、评价体系、产业图谱三个领域的多项研究成果。

首先，理论结合实践，持续为数字人的学术研究及产业观察提供科学工具。在“数字人”的定义上，系列报告不断探索和迭代，从技术角度、媒介角度、模因论角度提出了数字人的概念定义；在研究方法上，报告构建了跨学科方法论，融合传播学、计算机科学、社会学、生命科学、美学、哲学等，研究数字人定义、类型，数字智能体技术跃迁，以及数字生命的可能性；在研究数据上，报告通过数字人活跃的重点网络视听平台进行大规模的全年、全网数据呈现，同时结合每年2000份左右的用户调研问卷进行数据验证。

其次，持续革新及深化评价体系，为数字人IP塑造提供技术支撑。2022年度报告首创传播力、创新力、社会力三大一级指标12个二级指标26个三级指标的影响力模型，填补了国内数字人影响力评价体系的空白；2023年度报告首次引入“数字模因”概念，将三大一级指标升级为16个二级指标39个三级指标，揭示了数字人IP塑造规律，同时提出了数字人制作上的“技术＋艺术”的交叉分级模型；2024年度报告提出了完整的“形、声、行、神”四类模因，以及研究的四维通证框架；2025 年度报告进一步整合 AI Agent 技术指标，建立了“智能体—场景—效能”的评估模型，提出类人认知架构正成为数字人智能体的重要突破口。

最后，遴选头部 IP，从数字人制作、运营、功能、社会角色演进等方面深入行业实践，深挖产业价值链。报告连续四年，不断完善产业样本库，从 2022 年度的 50 多个国内头部 IP，到 2025 年度的 360 个国内 IP、164 个海外 IP，揭示技术迭代轨迹：从早期形象驱动（2022 年）到 AI 交互赋能（2024 年），直至 2025 年“智能体服务”崛起；精准预判场景演化，导航产业服务：通过虚拟偶像、数字主播、数字员工三类商业化最好的数字人，描绘数字人产业图谱、垂直应用趋势；深度剖析产业政策，持续挑战预警机制：持续警示商业化瓶颈、标准缺失、人才断层等深层次问题，积极推动政策端加速出台数字人标识标准与伦理规范；2025 年度报告首次提出“泛在数字人”概念，将数字劳动力作为新质生产力的重要组成部分和未来数字资产的重要载体进行重新审视。

在人工智能与虚拟现实技术深度融合的 2025 年，数字人产业已从技术概念蜕变为驱动社会经济发展的核心引擎。四载春秋，这份报告始终与中国数字人产业同频共振，并通过头部数字人的实践观照行业的发展。这份报告亦是我们践行“人文为体，科技为用，艺术为法”，向学校 AI 战略献礼的数字人研究成果。我们将以“影响力指数”为尺，丈量技术之进步；以“学术匠心”为火，陪伴行业穿越发展周期。期待这份报告继续链接及赋能产、学、研，共同绘制人机共生的数字文明时代新图景！

课题组

前　言

自主智能体（Agentic AI）正成为数字人演进的赋能利器。

人工智能（AI）正以前所未有的速度发展，自主智能体代表了AI发展的一个重要阶段，是一种能够自主行动、实时适应并根据上下文和目标解决多步骤问题的AI系统。Agentic AI由传统能模仿人类决策过程的机器学习模型和能实时解决问题的智能体（AI Agent）构成，其中，“Agentic”一词强调了模型的主动性及其独立自主行动的能力。Agentic AI以生成式AIGC技术为基础，利用大型语言模型（LLMs）在动态环境中运行，将内容创建能力扩展至实现特定目标，通过调用外部工具自主完成复杂任务。与在预定义约束内运行并需要人为干预的传统AI模型不同，Agentic AI展现出自主性、目标驱动行为和适应性，具备推理（基于上下文进行复杂决策）、规划（制定多步骤策略）、行动（与环境交互执行任务）及反思（评估结果并持续学习）等核心能力，旨在以最小的人工干预与数据和工具交互，通过创建和执行步骤列表自主完成任务。

数字人是基于先进技术构建的类人虚拟生命，其本质是通过三维建模与人工智能融合生成的智能交互载体。在技术架构层面，数字人融合了高精度3D建模实现视觉形态的拟真呈现，依托NLP、情感计算及动作捕捉系统，被赋予了自然语言对话、情感识别反馈和多模态行为表达能力。这类虚拟智能体具有双重存在形态，既可作为真实个体的数字化镜像（数字孪生），也可被设计为完全虚构的虚拟IP角色。数字人的目标是创造一种高保真视听表达和创新性的互动体验，同时提供高质量的多场景代理服务。

Agentic AI的类人化智能特性使其能实时适应环境变化，以更接近人类认知的方式解决问题。Agentic AI与数字人的深度融合推动了智能化变革，通过赋予数字人自主决策与动态适应能力，使其从简单的虚拟形象转变为能够主动适应环境、执行复杂任务和进行智能交互的实体。在Agentic AI的赋能下，数字人的能力持续跃升，既能通过知识库整合信息并运用多模态交互（语言/非语言）实现类人际沟通，又能依托自主智能模块的推理决策、任务规划及持续学习能力精准解析用户需求、动态优化响应，最终推动数字人的个体智能升级、群体协作强化与人机共融生态的形成，突破脚本化交互局限，迈向个性化、高价值的人机服务新阶段。

从基本规则驱动的 AI Agent 到如今具备高度自主性、推理和规划能力的 Agentic AI，自主智能赋予了数字人更高的自主性、更强的推理和规划能力，使其在客户服务、教育培训、医疗健康、娱乐媒体、零售电商、金融服务、制造业与供应链以及人力资源等多个领域展现出巨大的应用潜力。展望未来，AI Agent 和智能代理的技术将向着更加自主、智能和通用的方向发展，进而驱动数字人在逼真度、智能化、个性化和应用场景广泛性等方面进一步演化。让我们以“技术向善”为锚点，共同构建一个技术可控、风险可溯、责任可究、智能且可信的数字新时代，最终开创人机交互的新纪元。

沈浩

教授，中国传媒大学媒体融合与传播国家重点实验室首席科学家，课题组总顾问

目录 *Contents*

1 研究背景

RESEARCH BACKGROUND

（一）研究对象

2020年至今，《报告》围绕研究对象"虚拟数字人"进行了深入的行业研究，对其概念和外延进行了详细的分析及定义。在AI技术的加持下，"虚拟数字人"快速发展并不断智能进化，已然从技术奇观演化为泛在可及，从小众走向大众，从商业渗透民用，成为生产、生活、社交不可或缺的工具或伙伴，在日常表达甚至是政策制定中，开始被简称为"数字人"，本期《报告》既使用此简称。

从技术层面看，数字人可以被理解为通过计算机图形学、图形渲染、动作捕捉、深度学习、语音合成等技术手段创设，并具有"人"的外观、行为甚至思想（价值观）的可交互的虚拟形象。从未来媒体形态和服务模式层面看，计算机图形学、语音合成技术、深度学习、类脑科学、生物科技、计算科学等聚合科技（Converging Technologies）带来了语义传播与无障碍传播的新空间，由此诞生的数字人将以新媒介角色广泛应用在元宇宙新生态中，承担信息制造、传递的责任，是元宇宙中"人"与"人"、"人"与事物或事物与事物之间产生联系或发生孪生关系的新介质。

数字人在数字世界中呈现的外形、声音、行为特征和数据，以及承载的文化模因，可被统称为其"数字模因"。结合"人"的个体表达特征，数字人包含了文本、图像、视频、音频的多模态信息，其数字模因包含了形、声、行、神（即文化模因）四个要素。我们认为，以交互、服务为目的，具备形、声、行、神四类模因中的一类或多类数字模因的对象，都属于数字人。

《报告》的评估对象被锁定为当前国内商业化应用最好、最具人气的三类数字人：虚拟偶像、虚拟主播、数字员工。

虚拟偶像

定　　义：以歌手、演员、模特、网红、游戏高手等"艺人"身份出现，拥有鲜明的个性、才艺设定，活跃于各大社交平台、视频平台、综艺节目等，通过积累流量、人气获得更多"工作"的数字人。

运营方式：与真人艺人相似，通过歌曲、硬照、短剧、综艺等作品进行运营。

主要代表：洛天依、星瞳、柳夜熙、苏小妹、厘里等。

虚拟主播

定　　义：虚拟世界的"主持人"，在专业赛道上包括各大媒体推出的数字主持人、数字记者、数字小编等；在视频平台上活跃的虚拟UP主则由企业或个人运营，数量庞大。

运营方式：专业赛道以新闻报道、综艺节目为主，替代真人主播、记者和编辑；视频平台则以直播互动、直播带货为主。

主要代表：央视总台AI王冠、央视网小C、浙江卫视谷小雨、快手狐璃璃等。

数字员工

定　　义：由政府、企事业单位推出，作为机构的"虚拟员工"，对外展示企业的产品、服务、文化，对内替代行政、培训等部分内部运营功能。智能客服、企业品牌官、虚拟导游、虚拟老师、虚拟学生等是当前数字员工的主要呈现形式。

运营方式：对内以替代企业经营各环节的部分功能为主；对外主要以智能服务，品牌代言等为主。

主要代表：刘三姐、橙络络、海尔兄弟等。

（二）研究新命题：泛在数字人

2024 年被视为 AIGC 应用元年，AIGC 实现了从概念到实际应用的飞跃，并推动着数字内容往高质量、规模化生产方向演进。数字人产业也因此迎来了技术拐点：数字人制作成本骤降，制作周期更是缩短至分钟级、秒级，这极大地降低了数字人生成及数字人内容生产的门槛，使得数字人开始更广泛地应用于生产、生活、社交等各种场景，让人人拥有数字分身成为可能。

今年样本量超过 2400 份的《2025 数字人用户认知和使用情况调查问卷》显示，希望拥有自己专属数字分身的占比为 77%，近三成人表示“非常希望”拥有；在对近一年来数字人的普及程度判断上，接近 20% 的人认为数字人“非常普及，身边几乎人人都有接触和使用”，认为“很普及，身边超过 70% 的人接触和使用”的占比超过 40%，认为“身边一半的人接触和使用过数字人”的占比约为 19%，仅有不到 1% 的人对数字人概念表示陌生。

我们认为，2024，在数字人的智能化过程中同时出现了“泛在化”现象，数字人在各类应用场景中变得泛在可及，也正从“功能化工具”蜕变为“泛在化社会单元”，其存在形态、技术逻辑与社会价值开始发生变革，这一进程的底层驱动力源于 AI 大模型的认知跃迁、实时渲染技术的空间突破，以及人机交互终端的全域渗透。

1. 数字人的“泛在化”现象

技术泛在化：通过云端协同、轻量化模型实现“人人可创建、处处可调用”。轻量化渲染技术使数字人摆脱硬件桎梏，AI 大模型赋予其“人格化灵魂”。

场景无界化：从直播间、手机屏走向街道、工厂、手术室、教室等，成为“空气般”的基础服务载体。

服务泛在化：应用开始渗透个人生活、商业服务、公共治理全场景，可以贯穿“学习—工作—社交—家庭”全场景、提供从早到晚的全时间周期服务。

认知泛在化：一方面是用户对数字人的认知、使用常态化，深度覆盖；另一方面是数字人开始具备跨领域的知识迁移与动态决策能力，从执行预设指令、提供服务转向构建社会关系，开始具备服务中介、信用中介、情感陪伴等高阶功能。

2. 新命题：泛在数字人

基于数字人的泛在化现象，泛在数字人是数字人发展的新阶段，其本质是“人机共生环境的基础单元”，是数字技术对“人类服务”本质的重构——通过构建可感知、可进化、可迁移的数字化人形载体，将人类社会的服务供给、文化传承、情感联结等核心功能，从物理世界的时空束缚中解放出来，形成“以人为中心”的分布式智能网络。主要特征如下。

交互模式：多模态融合（触觉反馈、微表情捕捉等）

存在形式：跨终端无缝迁移

社会属性：可具备数字身份与社会信用值

3. 泛在数字人的可能形态

探讨泛在数字人的可能形态，即探讨未来数字人应用的可能形态，泛在化的数字人将完成从功能载体到环境本体的转变，从工具属性上升为生态属性，演变成“人人共生”的社会图景。我们从技术和应用两大维度去探索其可能形态。

表 1-1　构建泛在数字人的三大技术基座

核心技术	主要内容
AI 大模型 （让数字人具备情智）	**人格计算：**塑造数字人的世界观 **情感计算：**详见“报告”“情感智能篇”
渲染引擎 （让数字人突破次元壁）	轻量化突破 空间计算突破 生物级仿真
终端生态 （万物互联—万人互联）	**穿戴设备：**“神经腕带”实现无屏交互，重力手套等虚实互动设备取得突破 **公共端口：**AI 数字人泛在可及的公共服务终端 **脑机接口：**AI 数字人作为脑机接口的“输出界面”

表 1-2　数字人的基础应用场景

场景	案例
民生治理 （数字人成为社会基础设施）	**政务普惠** 深圳福田区推出基于 DeepSeek 开发的 AI 数智员工 **应急响应** 广东省消防科学技术重点实验室开发的消防员数字人——小粤 **银发经济** 北京邮电大学已立项的项目：数字银龄伴侣
产业变革 （从“降本工具”到“增值伙伴”）	**媒体行业** 川观新闻的数字记者矩阵 /《海峡都市报》百万数字人计划 **教育行业** 中国传媒大学、清华大学、天津大学 **电商行业** 2024 年京东“双 11”期间，安踏通过数字人直播 GMV 突破 2000 万，转化率高达 32.06% **制造业** 数字人正从服务端向生产端渗透，客易云与三一重工合作的虚拟工程师已实现设备故障诊断准确率达 99.3%
文化创新 （文明的数字永生实验）	**非遗活化** 天好短剧 + 敦煌壁画元素 + 国风出海 **语言保护** 由讯飞智作打造的 AI 数字人可无缝切换多语言表达

当前，泛在化让数字人从“技术奇观”演化为“社会器官”，其影响力已超越工具价值，直指人类文明存在方式的变革。当数字人开始具备社会治理、情感陪伴、文化传承等基础功能时，我们就亟须建立与之匹配的伦理框架与技术治理体系，包括数字人的版权、身份立法等，这不仅是产业的课题，更是数字文明时代人类的必修课。

（三）年度行业观察

1. 政策端：以用促研，推动产业规模化

2024 年，中央与各省市持续强化对人工智能、元宇宙及数字人产业的政策支持力度，围绕技术研发、场景应用、标准制定、生态建设等维度形成多层次政策矩阵，推动产业进入高质量发展新阶段。国家层面注重顶层设计，地方层面聚焦区域特色与产业协同，政策体系日趋完善，为技术创新与商业化落地了提供了强力支撑。

继 2023 年 7 月国家网信办等七部门发布《生成式人工智能服务管理暂行办法》，为生成式人工智能服务的使用和管理设定清晰规范的边界后，人工智能、元宇宙及数字人领域在 2024 年迎来了政策密集发布期。据不完全统计，截至 2024 年年底，全国范围内有 21 个省级单位和 40 个市级单位依据自身优势，发布了近 300 项针对相关产业的专项政策与规划，充分彰显了各级政府对新兴技术的高度重视。值得注意的是，北京市、上海市、广东省、浙江省等经济发达且科技创新能力强的地区，已连续多年出台相关政策，形成了较为完善的政策体系。

国家层面重点聚焦底层技术突破与标准制定。2024 年 3 月，《贯彻实施〈国家标准化发展纲要〉行动计划（2024—2025 年）》明确指出开展 6G、区块链、分布式数字身份分发等核心标准研究，强化下一代互联网、元宇宙、合成生物等新兴领域标准化预研究，推动形成标准研究成果的比例在 50% 以上；聚焦脑机接口、量子信息、生成式人工智能、元宇宙等领域，前瞻布局未来产业标准研究。11 月 28 日，国家广播电视总局发布《数字虚拟人技术要求》，规范虚拟人数字人的定义分类、应用场景、形象、驱动技术、平台能力、安全能力等，强调处理真实人脸、人声等生物识别信息时应取得个人单独同意。

地方层面结合产业优势制定差异化政策。一线城市引领前沿技术研发，北京、上海、深圳聚焦国际化布局。例如，北京致力于建设“具身智能创新高地”，上海全力打造“数据要素国际枢纽”，深圳则提出了打造“AI 原生产业创新高地”。三地通过设立百亿级基金、发放算力券、开放应用场景等有力举措，加速技术转化与生态构建。中西部地区承接产业转移，河南、甘肃、贵州等地凭借能源与成本优势，布局超大规模智算设施。例如，河南提出了“数据要素 ×”行动，甘肃推动了工业元宇宙与数字孪生应用，西藏实施了“算力珠峰”计划，区域协同发展格局初步形成。

同时，政策强调“以用促研”，重点推动数字人在电商直播、文旅、医疗、工业等领域的应用。文旅部提出了建设“智慧旅游沉浸式体验空间”，福建支持数字人在文博展陈中落地，河南打造了“一机游河南”智慧文旅平台，济南探索“元宇宙 + 智能制造”标杆，充分显示了数字人技术正加速向消费与产业两端渗透。

回顾 2024 年，我国在数字人、人工智能与元宇宙领域的政策总体发展思路清晰：以技术创新为核心驱动力，以产业应用为导向，通过构建完善的创新生态体系，促进产业链上下游协同发展。同时，政府积极引导社会资本参与，通过多种形式的政策支持，加速技术成果转化，推动相关产业实现规模化发展。

表 1-3　2024 年度数字人相关政策总览

所属部委 / 省市	政策名称	时间	主要内容
工信部等七部门	《推动未来产业创新发展的实施意见》	2024 年 1 月 18 日	突破高级别智能网联汽车、元宇宙入口等具有爆发潜能的超级终端，构筑产业竞争新优势。加快工业元宇宙、生物制造等新兴场景推广，以场景创新带动制造业转型升级。加快细胞和基因技术、合成生物、生物育种等前沿技术产业化，推动 5G/6G、元宇宙、人工智能等技术赋能新型医疗服务，研发融合数字孪生、脑机交互等先进技术的高端医疗装备和健康用品。
国家市场监督管理总局会同中央网信办、国家发展改革委等十八部门	《贯彻实施〈国家标准化发展纲要〉行动计划（2024—2025 年）》	2024 年 3 月 18 日	瞄准下一代互联网技术演进路线等新场景升级，强化区块链和分布式记账技术标准体系建设，开展 6G、区块链、分布式数字身份分发等核心标准研究。强化下一代互联网、元宇宙、合成生物等新兴领域标准化预研究，推动形成标准研究成果的比例在 50% 以上。 此外，聚焦脑机接口、量子信息、生成式人工智能、元宇宙等领域，前瞻布局未来产业标准研究。持续开展国家高新技术产业标准化试点示范，强化产业创新发展标准化示范引领。
中国文旅部办公厅联合中央网信办秘书局、国家发展改革委办公厅、工业和信息化部办公厅以及国家数据局综合司等四部门	《智慧旅游创新发展行动计划》	2024 年 5 月 13 日	运用虚拟现实、增强现实、拓展现实、混合现实、元宇宙、裸眼 3D、全息投影、数字光影、智能感知等技术和设备建设智慧旅游沉浸式体验新空间，培育文化和旅游消费新场景。探索云计算、区块链、大数据、通用人工智能等新技术与智慧旅游线上服务相结合，发展智慧旅游助手类应用。
国家发展改革委等四部门	《关于深化智慧城市发展 推进城市全域数字化转型的指导意见》	2024 年 5 月 19 日	鼓励发展基于人工智能等技术的智能分析、智能调度、智能监管、辅助决策，全面支撑赋能城市数字化转型场景建设与发展。加强大数据、人工智能、区块链、先进计算、未来网络、卫星遥感、三维建模等关键数字技术在城市场景中集成应用，加快技术创新成果转化，打造具有国际竞争力的数字产业集群。
国家发展改革委等部门	《推动文化和旅游领域设备更新实施方案》	2024 年 5 月 21 日	提高电影制作整体水平。鼓励在电影视觉效果和后期制作中运用人工智能、虚拟拍摄、虚拟预演等新技术新装备。推动电影后期制作设备体系的升级改造，实现高新技术化和标准化。推动建立和升级云制作平台、云数据中心，夯实行业通用制作技术和算力底座。
工信部	《工业互联网专项工作组 2024 年工作计划》	2024 年 5 月 23 日	加速工业互联网与人工智能融合创新，探索 5G、大模型与面向特定场景小模型的协同应用模式。引导行业龙头企业联合人工智能企业，加速能源资源、交通等重点领域的行业大模型与工业互联网融合，推动生产级示范项目落地。

续表

所属部委 / 省市	政策名称	时间	主要内容
中央网信办、市场监管总局、工业和信息化部等三部门	《信息化标准建设行动计划（2024—2027 年）》	2024 年 5 月 28 日	加快推进大模型、生成式人工智能标准研制。加快建设下一代互联网、Web3.0、元宇宙等新兴领域标准化项目研究组，推进基础类标准研制，探索融合应用标准。
国家药监局	《药品监管人工智能典型应用场景清单》	2024 年 6 月 18 日	列出了 15 个具有引领示范性的、具有发展潜力的、针对工作痛点的、需求较为迫切的应用场景，旨在推动人工智能技术在药品监管领域的研究探索，以促进人工智能与药品监管深度融合为主线，规范和指导各级药品监管部门开展人工智能技术研究应用，引导资源聚焦，推动人工智能赋能药监系统；同时为其他科研机构、技术公司和药品企业相关研究应用提供参考和指导。
国家发展改革委、农业农村部、商务部、文化和旅游部、市场监管总局等五部门	《关于打造消费新场景培育消费新增长点的措施》	2024 年 6 月 24 日	对于文旅体育消费新场景，支持打造一批演艺新空间，促进虚拟现实（VR）体验等文娱业态场景创新。探索利用人工智能大模型、虚拟现实全景和数字人等技术，拓展电商直播场景。探索开发基于人工智能大模型的人形机器人。
工业和信息化部等十一部门	《关于推动新型信息基础设施协调发展有关事项的通知》	2024 年 9 月 4 日	东部发达地区先行先试、探索 5G-A、人工智能等建设和应用新模式，中西部和东北地区加快千兆城市建设，实现 5G、千兆光网均衡发展。西部地区在综合成本优势明显地区合理布局重大算力设施，探索建设超大型人工智能训练算力设施。沿边省份利用对外合作机制，打造具有区位优势的国际信息枢纽。东北地区老工业基地加快“5G+ 工业互联网”等设施建设。
国家发展改革委、国家数据局、中央网信办、工业和信息化部、财政部、国家标准委等六部门	《国家数据标准体系建设指南》	2024 年 9 月 25 日	到 2026 年年底，基本建成国家数据标准体系，围绕数据流通利用基础设施、数据管理、数据服务、训练数据集、公共数据授权运营、数据确权、数据资源定价、企业数据范式交易等方面制修订 30 项以上数据领域基础通用国家标准。
中共中央办公厅、国务院办公厅	《关于加快公共数据资源开发利用的意见》	2024 年 10 月 9 日	支持人工智能政务服务大模型开发、训练和应用，提高公共服务和社会治理智能化水平。将数据产业作为鼓励发展类纳入产业结构调整指导目录，支持数据采集标注、分析挖掘、流通使用、数据安全等技术创新应用，鼓励开发数据模型、数据核验、评价指数等多形式数据产品。
中共中央办公厅、国务院办公厅	《关于数字贸易改革创新发展的意见》	2024 年 11 月 28 日	大力发展数字技术贸易。加强关键核心技术创新，加快发展通信、物联网、云计算、人工智能、卫星导航等领域对外贸易。推动电信、互联网、文化等领域有序扩大开放，鼓励外商扩大数字领域投资。

续表

所属部委 / 省市	政策名称	时间	主要内容
国家广播电视总局	《数字虚拟人技术要求》	2024 年 11 月 28 日	涵盖了数字人的分类、应用场景、形象设计、驱动技术、平台能力以及安全能力等方面，适用于数字人的系统建设、创作和应用，为广播电视和网络视听行业的数字人提供了明确的技术规范。
北京市	《2024 年国民经济和社会发展计划草案》	2024 年 1 月 15 日	推进元宇宙在智慧城市、影视娱乐、数字创意等领域的创新应用，大力支持类人机器人、6G 等未来产业，打造国内领先机器人产业综合集聚区。
	《[illegible]播电商高质量发展的若干措施（2024—2025）》	2024 年 3 月 25 日	强化直播技术创新引领。鼓励直播电商企业积极探索运用 5G+VR/AR、云计算、元宇宙、人工智能、虚拟主播、高清影像等技术，提升消费者消费体验。
	《北京市算力基础设施建设实施方案（2024—2027 年）》	2024 年 4 月 25 日	到 2025 年，北京市智算供给规模达到 45EFLOPS，2025—2027 年根据人工智能大模型发展需要和国家相关部署进一步优化算力布局。到 2027 年，实现智算基础设施软硬件产品全栈自主可控，整体性能达到国内领先水平，具备 100% 自主可控智算中心建设能力。
	《北京市关于加快通用人工智能产业引领发展的若干措施》	2024 年 4 月 27 日	在算力方面，对现有数据中心改建且智能算力规模达到 1000P 以上的绿色低碳智能算力中心，最高支持 5000 万元。对纳入国家重大战略任务的攻关项目，最高支持 1 亿元。加快应用场景示范项目建设，行业大模型标杆应用最高支持 5000 万元。
	《北京市支持超高清视听产业发展项目管理办法（2024—2026 年）》	2024 年 7 月 8 日	支持超高清视听技术与人工智能、XR 虚拟制作、元宇宙、数字人、裸眼 3D、VR/AR、5G/6G 等技术融合创新应用的项目。
	《北京市推动“人工智能 +”行动计划（2024-2025 年）》	2024 年 7 月 26 日	到 2025 年年底，通过实施 5 个对标全球领先水平的标杆型应用工程、组织 10 个引领全国的示范性应用项目、推广一批具有广泛应用前景的商业化应用成果，力争形成 3—5 个先进可用、自主可控的基础大模型产品、100 个优秀的行业大模型产品和 1000 个行业成功案例。
	《北京市“数据要素 ×”实施方案（2024—2026 年）》	2024 年 9 月 29 日	在文化旅游方面，探索人工智能生成内容、元宇宙等新技术在文创产品中的应用，丰富文化体验。挖掘文化数据价值，推动建设首都文化数据库，加快大模型在文化领域应用，助力全国文化中心建设。发展智慧旅游，推动景区、交通、商圈、气象等数据共享复用，构建个性化旅游路线、景区客流监测预警等应用场景，打造数字中轴线、数字故宫、数字隆福寺等智慧旅游品牌，提升游客服务体验。

续表

所属部委 / 省市	政策名称	时间	主要内容
北京市	《北京市教育领域人工智能应用工作方案》	2024 年 10 月 22 日	在人工智能赋能学生学习与发展方面，面向全市大中小学推广 AI 学伴和 AI 导学应用，深化 AI 学生综合素质评价应用，深化 AI 体育应用场景，加强对国家学生体质健康测试数据的综合利用。运用大模型 AI 虚拟形象技术，建设服务于学生身心健康的人工智能“健康咨询师”，通过人机交互实现个性化、实时化、情景化的心理咨询辅导。
	《关于培育新型文化业态 大力发展文化新质生产力的若干措施》	2024 年 12 月 5 日	积极推进人工智能、区块链、大数据等新一代信息技术、数字技术赋能文化新场景新业态。
	《广东省培育区块链战略性新兴产业集群行动计划（2023—2025 年）》	2024 年 1 月 26 日	到 2025 年，建设 10 个左右区块链实验室等创新平台，打造 100 个特色鲜明的区块链典型应用案例。
广东省	《广东省培育发展未来电子信息产业集群行动计划》	2024 年 2 月 14 日	未来电子信息产业将实施新一代网络通信、人工智能、虚拟现实、量子信息“四大”重点工程，到 2035 年，广东将成为全球未来电子信息产业创新高地。
	《广东省开展国家标准化创新发展试点工作方案》	2024 年 4 月 24 日	围绕数字化转型，开展基于人工智能、元宇宙等新业态的标准化研究和布局，加快推进形成一批比肩国际先进水平、引领示范作用明显、拥有自主知识产权的标准。瞄准区块链、新能源、前沿新材料等应用前景广阔的技术领域同步开展标准研制和推广，强化技术创新、产品创新、管理创新，加快新技术产业化步伐。
	《广东省关于人工智能赋能千行百业若干措施》	2024 年 6 月 6 日	到 2025 年，广东省算力规模超过 40EFLOPS，人工智能核心产业规模超过 3000 亿元。建立人工智能芯片生态体系，实现高端智能传感器产业规模倍增，智能软件产业规模达到 270 亿元，人工智能自主软件覆盖率达到 50%，建设 50 个以上高质量行业数据集，打造具有示范推广效应的 100 个算法产品。到 2027 年，人工智能手机产量达到 1 亿台以上。人工智能计算机产量达到 3000 万台以上。
	《关于构建数据基础制度推进数据要素市场高质量发展的实施意见》	2024 年 6 月 24 日	建设数据要素集聚发展区，促进数据要素与智能传感、大数据、云计算、边缘计算、人工智能、数字孪生等新一代信息技术融合创新。鼓励打造数字园区，布局算力平台、工业互联网等新型基础设施，探索园内数据交换和共享。推动全国一体化算力网络粤港澳大湾区国家枢纽韶关数据中心集群建设。
	《关于加快培育发展未来产业的行动方案》	2024 年 9 月 30 日	加快大模型、具身智能机器人、未来智能终端、智能无人系统等技术突破和产业化，前瞻布局类脑智能。加快合成生物、AI+ 生物医药、细胞和基因治疗、脑科学与脑机接口、类器官等技术突破和产业化，推动生物技术和信息技术融合发展。

续表

所属部委 / 省市	政策名称	时间	主要内容
山东省	《2024 年政府工作报告》	2024 年 1 月 22 日	2024 年，山东省将围绕人工智能、生命科学、未来网络、量子科技、人形机器人、深海空天等领域，实施 20 项左右前沿技术攻关，推动 15 个省级未来产业集群加快壮大。
	《山东省区块链技术创新和产业发展行动方案（2024—2025 年）》	2024 年 3 月 18 日	到 2025 年，山东省区块链技术创新能力和产业综合实力达到国内先进水平，对区块链与元宇宙、人工智能、第三代互联网等新一代信息技术进行深度融合，在先进制造业、数字人民币、政务服务、数据流通等领域广泛开展集成应用，培育 100 个以上创新产品和服务案例。
	《山东省算力基础设施高质量发展行动方案》	2024 年 6 月初	到 2025 年，山东省数据中心在用标准机架总数达到 45 万架，总算力达到 12.5 EFLOPS，智能算力占比达到 35%；存力规模达到 65EB，先进存储占比达到 35% 以上。在制造业、能源、农业、海洋、科技、金融、交通、文化等领域推动打造一批算力应用项目，形成一批典型示范场景。
	《实施先进制造业“2024 攻坚提质年”工作方案》	2024 年 6 月 3 日	在未来产业前瞻布局上，以元宇宙、人工智能、生命科学、未来网络、量子科技、人形机器人、深海空天等七大产业为重点，深入实施未来产业培育发展行动计划，明确产业技术路线，加速典型场景应用示范，集中打造 15 个技术水平高、创新能力强、发展潜力大的未来产业集群，争创量子信息国家技术标准创新基地。高标准制定人工智能赋能新型工业化实施方案，研究制定具体支持政策，加紧抢占新赛道。
	《关于加快大模型产业高质量发展的指导意见》	2024 年 6 月 14 日	到 2025 年，加快突破一批前瞻性、原创性、引领性大模型关键技术，推动创新平台体系初步建成，积极打造具有一定国际影响力的基础级大模型，在重点领域和关键环节培育一批覆盖范围广、产品能效高的行业级大模型、场景级大模型。建设 50 家以上细分领域的头部企业、50 个左右产业集聚和赋能应用的特色园区，大模型产业年度收入增幅不低于 25%，将我省建设成为全国领先的大模型产业发展和创新应用高地。
	《关于科技创新引领未来产业布局培育发展新质生产力的实施方案》	2024 年 12 月 19 日	到 2025 年，加快布局人工智能、“元宇宙 +”等未来产业，初步形成具有山东特色的“8+X”未来产业创新体系。其中，人工智能领域将重点攻克关键技术，推动其在多个领域的应用；而“元宇宙 +”领域将加强关键技术的研发，并拓展在多个行业的应用场景。

续表

所属部委 / 省市	政策名称	时间	主要内容
浙江省	《加快人工智能产业发展的指导意见》	2024 年 1 月 11 日	到 2027 年，培育千亿级人工智能融合产业集群 10 个，人工智能企业数量超 3000 家。在产业集群方面，因地制宜建设人工智能特色产业园区，发展类脑智能、人形机器人、元宇宙等未来产业，围绕“415X”先进制造业集群培育人工智能融合产业集群。
	《关于加快推进大视听产业高质量发展的实施意见》	2024 年 6 月 28 日	加快生成式人工智能（AIGC）、新闻智能生成和发布、内容审核助手、数字人等人工智能技术在视听素材搜索、内容创作、传播推广等领域的研发与创新应用。夯实人工智能技术底座，推进音视频数据资源共建共享，发展视听垂直领域人工智能大模型，大幅提升内容生产效能。
	《浙江省“人工智能 +”行动计划（2024—2027 年）（征求意见稿）》	2024 年 10 月 8 日	在人工智能 + 消费方面，加快虚拟现实、增强现实、人工智能等技术融合应用，培育推动网络游戏、沉浸体验、剧本娱乐等新业态发展。深化“浙里文化圈”建设，打造一批标志性人工智能 + 旅游场景应用。
江苏省	《关于加快工业软件自主创新的若干政策措施》	2024 年 1 月 3 日	提出加快推动物联网、云计算、大数据、5G/5G-A、元宇宙、人工智能等新兴技术，以及 6G、量子信息、卫星互联网、类脑智能等前沿技术向产业化方向发展。
	《江苏省算力基础设施发展专项规划》	2024 年 4 月 25 日	到 2025 年，江苏省在用总算力突破 24 百亿亿次，到 2030 年，超过 50 百亿亿次，智能算力占比超过 45%，智算中心突破 20 个，存储总量超过 500EB 重点行业核心数据、重要数据灾备覆盖率达到 100%，打造不少于 80 个算力产业应用推广案例、智算典型示范场景 35 个。
山西省	《山西省算力基础设施高质量发展实施方案》	2024 年 1 月 8 日	到 2025 年，山西省算力规模超过 9EFLOPS，智能算力占比达到 35%，建成超过 4 个智能计算中心。
	《山西省促进先进算力与人工智能融合发展的若干措施》	2024 年 7 月初	每年发放总额不超过 5000 万元的“算力券”，用于支持省内外企业、高校、科研机构使用我省算力资源及配套服务。壮大算力产业链，对标杆项目补贴最高不超过 3000 万元。
	《山西省推动文化和旅游领域设备更新实施方案》	2024 年 9 月 18 日	综合运用大数据、人工智能、AR / VR 等数字技术，打造沉浸式、智能化新产品新内容新场景，培育文化旅游新型业态，推动传统业态转型升级。在文旅产业应用大数据基础算法、平台软件、智慧监管等共性关键技术，为文旅产业高质量发展提供数字化支撑。加强大数据、人工智能等新技术应用推广，提升智慧管理和运维水平。

续表

所属部委 / 省市	政策名称	时间	主要内容
河南省	《河南省“数据要素×”行动实施方案（2024—2026年）》	2024年8月2日	到2026年年底，“数据要素×”行动各专项取得突破性进展，打造示范作用明显的典型应用案例30个以上、数据要素产业园10个左右，争创国家数据要素应用示范地区、国家级数据交易场所。在文旅方面，建设完善“一机游河南、一图览文旅、一键管行业”智慧文旅平台，集成各地文旅数据资源；支持人工智能优势企业围绕河南文化数据资源开发文化大模型。
	《河南省推动“人工智能+”行动计划（2024—2026年）》	2024年10月29日	到2026年年底，力争2—3个行业人工智能应用走在全国前列，建设一批高质量行业数据集，形成2—3个先进可用的基础大模型、20个以上垂直领域行业模型和一批面向细分场景的应用模型、100个左右示范引领典型案例，涌现一批制度创新典型做法和服务行业应用的标准规范。
	《河南省算力基础设施发展规划（2024—2026年）》	2024年11月14日	到2026年年底，河南省算力基础设施标准机架数达到35万架，平均利用率达到70%以上，算力规模超过120EFlops，智算、超算等高性能算力占比超过90%，智算规模达到100EFlops以上，形成10个以上算力规模达到E级的大型算力中心。综合算力性能保持国际前列，超算利用率达到70%以上。在智能制造、智慧交通、智慧农业、智慧医疗等领域形成一批算力赋能的典型应用场景，算力服务普惠易用水平显著提升。
甘肃省	《甘肃算力基础设施高质量发展三年行动计划（2024—2026年）》	2024年5月8日	到2026年，甘肃省算力规模超过30EFLOPS，存储总量超过65EB，先进存储容量占比达到32%以上，重点行业核心数据、重要数据灾备覆盖率达到100%；创新应用数量达到25个，推动人工智能算力赋能新型工业化，着力在工业领域打造20个可复制推广的标杆人工智能应用场景。
	《甘肃省推动未来产业创新发展行动方案》	2024年8月30日	推动新一代人工智能技术的产业化与集成应用，加快发展智能器件、智能装备、智能图像处理等产业链条。建立全面反映城市、工厂、交通对象状态的“数字孪生体”，打造一体化数字孪生底座平台，支撑广义的应用场景和业务需求。
陕西省	《陕西省培育千亿级人工智能产业创新集群行动计划》	2024年4月初	到2025年，人工智能核心产业规模突破300亿元，陕西省人工智能技术创新与产业发展进入新阶段；到2035年，人工智能核心产业规模突破1000亿元，辐射带动智能制造、智能汽车等下游人工智能+产业应用突破5000亿元。
	《陕西省加快推动人工智能产业发展实施方案（2024—2026年）》	2024年6月3日	通过“强基、创智、赋智、聚智”四大行动为人工智能产业发展绘就新蓝图。到2026年，建成3个人工智能产业集聚区，打造智能算力、智能机器人、智能无人机、智能网联汽车、智能软硬件等5个产业集群，人工智能（大数据）产业链规模突破千亿元。人工智能重点技术产品在工业领域普及应用，创新应用场景数量达到100个以上，赋能水平迈上新台阶。

续表

所属部委 / 省市	政策名称	时间	主要内容
福建省	《关于推动数字文旅高质量发展的实施方案》	2024 年 4 月 22 日	力争到 2025 年，5G、元宇宙、虚拟现实、区块链、人工智能等新技术在文旅场景中深化应用，培育 100 个智慧景区，创建 10 个以数字产业为主业的文化产业示范园区（基地）。在推动产业链创新应用方面，聚焦文旅大数据、元宇宙、人工智能等关键共性技术突破，建设应用型科技创新载体，推进产业链创新链协同发展。
	《2024 年数字福建工作要点》	2024 年 5 月 9 日	创建一批 5G、人工智能、虚拟现实等新技术应用场景示范案例。推进布局元宇宙、量子科技等未来产业，做强数字领域民企实力，壮大市场主体，遴选培育一批数字经济核心产业创新企业。
	《福建省元宇宙产业发展行动计划（2024—2026 年）》	2024 年 8 月 26 日	到 2026 年，福建省元宇宙产业规模预计将突破 2000 亿元大关，形成“一带双核多点”的产业布局，以福州和厦门为核心技术策源地，辐射带动全省。同时，计划将建成 30 个国内领先的元宇宙创新平台，并孕育出超过 100 家具有行业影响力的领军企业，打造出 100 个以上的典型应用场景。支持拓展数字人在电商直播、品牌代言、公共服务、文化旅游、娱乐社交、教育培训等场景应用。
湖北省	《关于加快培育新质生产力推动高质量发展的实施意见》	2024 年 5 月初	创建国家算力枢纽节点，力争先进算力规模达到 20EFLOPS、存力超过 100EB、互联网省际出口带宽达到 90T、新能源装机超过 6000 万千瓦，加快企业“上云用数赋智”，推动规上工业企业上云覆盖率超过 75%。
	《湖北省加快未来产业发展实施方案（2024—2026 年）》	2024 年 6 月 20 日	在未来信息方面，首先突破近眼显示与感知交互、渲染计算、云内容制作分享等关键技术，大力发展工业、教育、文旅元宇宙。在未来技术应用场景方面，支持企业参与 AI 大模型、XR 元宇宙等跨界融合场景创新，以场景驱动技术及产品熟化落地。
四川省	《四川省人工智能产业链总体工作方案（2024—2027 年）》	2024 年 11 月 21 日	到 2027 年，四川人工智能产业实现“十百千万”发展目标，成为全国人工智能产业发展第四极。培育壮大 100 家具有全国竞争力的领军企业，人工智能科技企业达到 2000 家以上，产业规模达到 2000 亿元以上，算力总规模突破 40000P。
	《四川省算力基础设施高质量发展行动方案（2024—2027 年）》	2024 年 11 月 21 日	到 2027 年，布局合理、算网融合、算电协同、算用相长的全省算力一体化协同发展格局初步构建，以通用算力、智能算力、超级算力为核心的多元算力供给体系进一步完善，存算网一体化加速发展，算力绿色低碳、自主可控水平大幅提升，推动算力与实体经济深度融合，助推新质生产力发展取得显著成效。

续表

所属部委 / 省市	政策名称	时间	主要内容
河北省	《河北省加快制造业技术改造升级行动方案》	2024 年 [illegible] 月 11 日	加快全国一体化算力网络京津冀国家枢纽节点建设，实施怀来智慧云基地、算力高效调度示范等一批重点项目。探索建设区域人工智能数据处理中心、跨物理边界虚拟园区。
河北省	《河北省打造和开放创新应用场景三年行动方案（2024—2026 年）》	2024 年 11 月 29 日	加强钢铁、化工、港口、医疗等重点行业垂直大模型研发，组织实施一批“人工智能 +”典型场景。加强集成电路、人工智能、先进算力、工业互联网、云计算与大数据等前沿技术创新应用于新一代信息技术产业，在智慧城市、地下空间、生态环境等领域开发一批典型场景。
湖南省	《湖南省人工智能产业发展三年行动计划（2024—2026 年）》	2024 年 9 月 4 日	到 2026 年，湖南省智能算力达到 3600PFlops，人工智能产业规模突破 1000 亿元，培育 2—3 家有全国影响力的生态主导型企业和一批专精特新“小巨人”企业，培育一批高水平研发创新平台，支持建设 5 家左右省级人工智能产业园，打造 50 个左右特色化的行业大模型、100 个左右标志性创新产品、200 个左右典型应用场景。
湖南省	《湖南省“两业融合共进”行动方案（2024—2027 年）》	2024 年 9 月 14 日	在推动人工智能升级制造业发展，深入推进“智赋万企”行动方面，开展人工智能赋能新型工业化专项行动，加强供需对接、标准宣贯、应用推广。加快建设长沙国家人工智能创新应用先导区和人工智能创新发展试验区。打造全国首个音视频 AI 大模型，形成一批智能应用标杆案例。
海南省	《海南省数字健康体系与数字健康经济高质量发展三年攻坚行动计划（2024—2026 年）》	2024 年 8 月 29 日	促进人工智能模型的标准化和应用，支持建设中医药大模型，开发数字化中药新药研发平台。引进数字健康创新企业，打造 2—3 家基于 5G、医疗物联网、数字孪生等技术的未来医院。提供以大数据、人工智能技术为支撑的“医企协同创新 + 区域专病 + 数智化临床研究全链路整合平台”数字化解决方案，推动海南医药创新加快发展。
吉林省	《关于推动吉林省冰雪经济高质量发展的实施意见》	2024 年 12 月 12 日	在加快冰雪科创发展方面，支持冰雪元宇宙开发，推进数字孪生冰雪城镇、景区度假区建设。鼓励文旅企业等利用虚拟现实、人工智能等技术，打造沉浸式、体验式冰雪场景。同时，建设“一部手机游吉林”和文旅数字平台，丰富平台信息资源，为游客提供便利信息查询服务。大力推动智慧冰雪 5G 网络、冰雪城镇信息技术综合应用试点、冰雪气象数据平台等冰雪数字化信息基础设施建设。开展“长白天下雪”数字互动产品创作，加强新媒体互动营销。
内蒙古自治区	《内蒙古自治区未来产业创新发展实施方案》	2024 年 11 月 11 日	构建“9+5+3”未来产业发展格局，加快培育生物质绿色能源、增材制造、智能机器人、人工智能、航天产业等 5 大潜力型产业，超前布局超导材料、元宇宙、先进核能等 3 大前瞻型产业。

续表

所属部委 / 省市	政策名称	时间	主要内容
新疆维吾尔自治区	《新疆维吾尔自治区“数据要素 ×”三年行动实施方案（2024—2026 年）》	2024 年 9 月底	力争到 2026 年年底，全区累计打造 100 个以上特色性显、示范性强、带动性广的典型应用场景，培育一批创新能力强、成长性好的数据商和第三方专业服务机构，形成较为完善的数据产业生态，数据产业年均递增速度超过 20%。
西藏自治区	《“算力珠峰”高质量发展行动计划（2024-2026）》	2024 年 6 月 27 日	到 2026 年，自治区算力规模达到 100PFLOPS，智算算力占比达到 60%；存储总量超过 350PB，先进存储占比达到 40% 以上；重点应用场所光传送网覆盖率达到 90%；在能源、工业、教育、医疗、旅游等领域打造 5 个以上应用标杆，基本形成布局合理、绿色集约、互联互通、普惠易用、算力规模与数字经济增长相适应的高原绿色算力网络发展格局。
广西壮族自治区	《广西加快制造业数字化转型 助力新型工业化发展行动计划（2024—2026 年）》	2024 年 6 月 28 日	每年新增 100 个典型应用场景，新建一批智能制造标杆企业、智能工厂、数字化车间；打造一批人工智能大模型、区块链、工业元宇宙典型应用场景；累计建成 5G 基站 16 万个，持续推进“星火 · 链网”骨干节点建设运营。其中，推动工业元宇宙创新应用，挖掘一批“工业元宇宙 +”产线、工厂、园区、工业旅游等应用场景。
	《广西加快制造业数字化转型 助力新型工业化发展若干措施》	2024 年 6 月 28 日	支持工业互联网平台应用 5G、人工智能、北斗、元宇宙、云计算等新一代信息技术完善功能和提升性能，按照不超过升级改造项目总投资额 15% 的比例，给予最高不超过 200 万元的补助。
安徽省	《加快建设高水平国家广播影视科技创新实验基地（包河）行动方案》	2024 年 7 月 18 日	在基地产业发展布局方面，重点发展数字影视、网络视频、超高清、VR（虚拟现实）/AR（增强现实）/MR（混合现实）、人工智能视觉、车载音视频、元宇宙、直播电商、数字音乐等产业。在加速成果转化方面，推动基地与中国科学院自动化所合作共建元宇宙研究中心，加快云视听、车载音视频系统应用解决方案、科普文博展品智能语音交互等推广应用。
	《加快推进数字经济高质量发展行动方案（2024—2026 年）》	2024 年 7 月 29 日	在数字产业能级提升行动中，加快培育发展元宇宙产业，开展区块链等技术协同创新，深入挖掘应用场景，加快重点项目建设，引育一批具有较强竞争力的优势企业。
上海市	《上海市贯彻落实国家文化数字化战略的实施方案》	2024 年 1 月 4 日	聚焦元宇宙新赛道，布局未来文化产业，培育 10 个以上数字文创标杆园区，发挥上海数字文创暨元宇宙产业联盟作用，推动数字文创元宇宙产业集聚区建设。
	《2024 年上海建设国际消费中心城市工作要点》	2024 年 7 月 3 日	上海将创新服务消费业态模式，深化数字技术应用，促进数字消费领域人工智能、虚拟现实、机器人、数字人等新技术新产品的多场景应用。丰富文旅消费，加密演唱会、音乐节举办频次，不断升级“看美展、观文博、赏好剧、听歌会、来海考”都市旅游首选，创新推出文旅元宇宙、网络视听、电竞游戏等消费新场景。

续表

所属部委 / 省市	政策名称	时间	主要内容
上海市	《上海市推动直播经济高质量发展三年行动计划（2024—2026 年）》	2024 年 9 月 2 日	促进人工智能大模型、区块链等技术的创新应用，支持直播平台开展智能客服、消费智能分析、商品溯源等创新探索，增强用户体验，优化运营策略。推动企业探索数字人主播、3D 直播间等应用，开展不间断直播，探索打造数字人主播 IP，拓宽应用场景边界。
上海市	《关于人工智能“模塑申城”的实施方案》	2024 年 12 月 27 日	从四方面出发，即强化基础底座赋能、加快关键生产力工具打造、推动重点垂直领域应用、加速创新应用生态构建。其中重点垂直领域，教育方面，开展人工智能课程建设，打造智能化学习平台。[illegible]，推动自适应学习平台和智能助教系统。医疗方面，推动医疗健康行业人工智能应用基地建设，打造医疗人工智能研发应用一体化平台。文旅方面，聚焦虚拟主播、文旅元宇宙等场景，推动数字人与大模型融合，提升多模态交互能力。
重庆市	《重庆市深入实施软件和信息服务业“满天星”行动计划 2024 年专项行动方案》	2024 年 2 月 26 日	鼓励企业重点开展工业软件、汽车软件、人工智能、卫星互联网、元宇宙等领域的产品（服务）研发，鼓励本地龙头企业加大人工智能大模型等新兴技术的应用投入。 围绕人工智能、元宇宙、卫星互联网等新兴领域，培育一批重点特色软件产业园（楼宇）。
重庆市	《重庆市未来产业集群培育行动计划（2024—2027 年）（征求意见稿）》	2024 年 4 月 30 日— 5 月 7 日	在元宇宙领域，打造智能算力、通用算法和开发平台一体化的元宇宙中心基础设施，突破 AR/VR 设备等元宇宙的关键入口终端和软件开发工具、操作系统等基础软件。
重庆市	《重庆市未来产业培育行动计划（2024—2027 年）》	2024 年 9 月 30 日	在人工智能产业方面，重点发展智算芯片、新一代 AI 模型、具身智能机器人、新型算力等。在沉浸式技术产业方面，重点发展下一代显示、感知交互、数字内容（虚拟城市、虚拟社会、数字人、虚拟物等虚拟产品）、第三代互联网、可穿戴设备（新一代 AR/VR、人机交互、可穿戴健康检测等技术研发）、6G 等。
重庆市	《重庆市算力高质量发展三年行动计划》	2024 年 11 月 6 日	到 2026 年，重庆总纳管算力规模达到 35EFLOPS，全市算力规模达到 14EFLOPS，智算规模占比达到 50%，绿色算力占比达到 60%，省际算力直连城市数达到 35 个，算力使用成本下降 50%，算力核心产业规模达到 1500 亿元，优秀行业大模型产品数达到 100 个，赋能中小微企业数字化转型 2000 家。

续表

所属部委 / 省市	政策名称	时间	主要内容
天津市	《天津市促进现代服务业高质量发展实施方案》	2024 年 7 月 8 日	加快旅游数字化升级。综合运用增强现实、虚拟现实、人工智能等数字科技，打造数字文旅新产品新业态新场景。推进博物馆、纪念馆对文物资源进行数字化采集再现，建设文物数字展厅，鼓励企业开发运营沉浸式的文博主题游径。
	《天津市算力产业发展实施方案（2024—2026 年）》	2024 年 7 月 18 日	到 2026 年，天津市智能算力规模达到 10EFLOPS 以上，超级算力应用率达到 70% 以上。算力中心国产算力芯片使用占比超过 60%，建成 5 个以上赋能成效显著的大规模智算中心，算力赋能标杆应用场景超过 30 个，加快形成特色突出、协同发展的算力产业布局。
	《关于支持天津市人模型应用生态基地建设发展政策措施》	2024 年 11 月 22 日	形成高质量数据开放、应用场景丰富、头部企业集聚、人模型能力领先的人工智能产业生态，为天津经济高质量发展注入新的动力。
深圳市	《深圳市推动智能终端产业高质量发展若干措施》	2024 年 4 月 12 日	针对制约智能终端产业、企业发展、亟待解决的基础性、关键性技术问题形成榜单需求，对成功揭榜的项目单位按照项目总投入的 50% 分阶段给予最高不超过 3000 万元资助。支持企业围绕端侧或端云协同大模型、端侧人工智能芯片、人工智能 + 操作系统等基础软硬件以及人工智能终端产品开展技术攻关，按照项目总投入予以不超过 2000 万元支持。
	《深圳市加快打造人工智能先锋城市行动方案》	2024 年 7 月 30 日	推进深圳开放智算中心建设，2024 年建成并投入运营算力规模达 4000P FLOPS，调度规模达 30000P FLOPS。支持面向企业、高校、科研机构等发放算力券，降低使用智能算力的成本。实施人工智能软件示范应用项目扶持计划，对符合条件的项目给予不超过项目总投入的 30%、最高 1000 万元资助。
	《深圳市打造人工智能先锋城市的若干措施》	2024 年 12 月 18 日	支持人工智能行业应用。每年投入最高 1 亿元，围绕先进制造业、现代服务业和科学研究等重点领域，推动人工智能赋能千行百业。

2. 产业端：泛在渗透，成为产业智能化转型的基础设施

2024 年，中国数字人产业端正式从技术验证阶段迈入价值兑现期。在生成式 AI 技术突破、垂直场景渗透加速、商业闭环能力提升的三重驱动下，数字人从“炫技工具”升级为具备规模化生产力的“新型生产要素”，产业竞争焦点转向技术与场景的深度融合。与此同时，“泛在数字人”现象逐渐显现——数字人应用场景从单一领域向全行业渗透，从企业服务到个人生活，从文化传承到商业创新，其影响力正以无界化、常态化的方式重塑社会运行模式。

技术突破：生成式 AI 重构数字人生产力底座

（1）“大模型＋轻量化”降低产业门槛

在大模型的技术驱动下，数字人拥有更加出色的语言理解与生成能力，能够与人进行自然流畅的对话，可根据用户的情绪与意图，灵活且准确地做出回应，极大地提升用户体验。多模态交互技术突破推动表情、动作、语音拟真度的跨越式提升，光场重建技术使数字人皮肤质感大幅提升，逼近真人级渲染，用户体验从“功能可用”转向“情感共鸣”。

（2）硬件适配开启消费级普及

轻量化引擎与 XR 设备、手机端深度适配，数字人应用从高成本 PC/ 工作站向移动端迁移。2024 年，个人虚拟助手、虚拟陪伴数字人等轻量化产品成为流量入口。

（3）内容创作效率实现指数级跃升

多模态内容生成支持一键生成数字人 IP 形象，缩短数字人开发周期；同时，更具自动化和精细化的内容生成，支持快速撰写短视频文案、直播脚本，批量创作高质量图像 / 视频素材，提升内容生产效率。

场景深化：从流量营销到产业价值深挖

（1）文娱领域：IP 运营进入“内容工业化”阶段

虚拟偶像市场呈现 IP 跨界运营现象：数字人 IP 在通过 AIGC 短剧巩固粉丝黏性的同时，开始在品牌联名、区域文旅代言、直播等轻资产模式中发力。AI 编剧、数字人内容平台使数字人内容生产效率提升，短视频平台的虚拟主播可实现日更内容自动化生成。

（2）企业服务：高价值场景“精准提效”

金融业：数字员工渗透对客服务、风险控制等核心环节。建设银行数据显示，2024 年上半年 AI 处理的零售业务量同比激增 120%，直接导致柜面人员转岗率达 17%。

医疗业：AI 数字医生安诊儿已覆盖浙江省内 1800 余家医疗机构，累计服务近 3000 万人次，平均为患者每次就医节省 20 分钟。

（3）政务与公共服务：普惠化与精细化并行

深圳福田区推出 70 位 AI 公务员，公文格式修正准确率超 95%，审核时间缩短 90%，错误率控制在 5% 以内，民生诉求分拨准确率从 70% 提升至 95%；另外，中国电信数字人客服小翼已被成功部署于 18 个自助服务场景，惠及超过 104 万用户。

商业闭环：B/C 端双轮驱动规模化变现

（1）B 端：SaaS 模式引爆中小企业市场

数字人开发平台推出“千元级”标准化产品，中小微企业可自主生成营销数字人。在 AI 电商领域，数字人为商家降本增效的效果最为显著，甚至能够降低商家近 80% 的直播运营成本。

《中国中小企业数字化转型报告 2024》显示，截至 2024 年 6 月，绝大多数中小企业（98.8%）已经开始数字化转型。数字人 SaaS 作为细分领域，其应用仍集中于部分高增长行业，如杭州、深圳、广州等数字化转型领先城市的中小企业中，数字人技术在直播、客服、品牌营销等场景的覆盖率较高。SaaS 模式因低成本、低门槛优势，成为中小企业数字化首选，58.1% 的企业认为商业增长类 SaaS 能带来 10% 以上的额外收入。

（2）C 端：虚拟陪伴、IP 跨界及数字人创作者生态爆发

个人数字分身：职场、社交场景推动“数字分身”订阅服务增长，用户可通过 AI 分身同时参与多场线上会议。

虚拟陪伴经济：ARKInvest 报告显示，“AI+ 情感陪伴”的市场规模将扩大 2300—5000 倍。汤姆猫借 IP 优势打造的 AIAgent 全球累计下载量已达到 240 亿；字节跳动星野虚拟男友自上线以来用户月活达到 525 万，验证了“情感订阅制”的商业闭环。

IP 跨界运营：2024 年，数字人 IP 与传统文化深度融合成为主流趋势。敦煌研究院推出了虚拟守护者伽瑶，以洞窟壁画讲解、展览虚拟直播、舞蹈演绎等多种形式带领了国内外观众体验和了解敦煌文化，搭建传统文化与公众之间的数字桥梁。商业层面，数字人打破了文旅营销边界。宁夏文旅与数字人天好共创的中秋主题视频带动当地国庆假期旅游收入增长 31.68%，验证了“文化 IP+ 数字人 + 消费场景”的创新闭环。

数字人创作者生态爆发：轻量化制作工具的普及，使数字人创作从专业团队向大众创作者开放。个人创作者可通过提示词生成专业级数字人内容，影视制作周期从数月被压缩至数天甚至几小时。百度世界大会 2024 公布的数据显示，App 上线的 AI 发布器功能，使 AIGC 分发量增长 162%，使用 AIGC 工具的用户规模增长 80%。与此同时，百家号 AI 创作者同比增长 245%，AIGC 创作者达 130 万人。

挑战与趋势：生态竞合与规范重构

（1）合规化进程加速

《数字虚拟人技术要求》规范虚拟数字人的定义分类、应用场景、形象、驱动技术、平台能力、安全能力等，强调处理真实人脸、人声等生物识别信息时应取得个人单独同意。

（2）生态竞争加剧

头部企业围绕“行业标准”展开卡位战：华为、商汤等瞄准 AI 大模型标准，字节、腾讯发力虚拟直播协议生态。科大讯飞聚焦数字人相关项目的商业化拓展，全年项目数量情况以断层形式位居榜首。硬件厂商与内容平台加速整合，OpenXLab、Github 等开源社区推动长尾开发者入场。

小结：从“技术单点突破”到“产业价值网络”

2024 年数字人产业的进化逻辑十分清晰。

技术层： 生成式 AI 解决“造人”效率，多模态交互实现“用人”自然化。

场景层： 从营销噱头转向切入行业核心价值链。

商业层： B 端规模化验证与 C 端情感经济形成闭环。

未来竞争将聚焦两大能力：垂直场景的“Know-How 深度”（如医疗数字人的诊疗合规性）、生态协同的“连接密度”（硬件—内容—平台联动）。数字人将不再仅是工具，而是推动全产业智能化转型的基础设施。

3. 专利技术端：巨头主导，技术锐度与应用广度相得益彰

2024 年，中国数字人领域迎来了专利申请的爆发式增长，技术覆盖从底层硬件到上层应用的全链条创新，呈现“AI 驱动、多模态融合、场景多元化”三大趋势，技术创新重点聚焦提升拟真度与交互效率，应用边界持续扩展至社会生产生活的各个领域。

专利授权数量激增，版权意识显著提高

截至查询日期 2025 年 1 月 6 日，国家知识产权局“专利检索”数据显示，2024 年整年“数字人”相关数据达 774 条，较 2023 年的 708 条增长了 9.3%。值得注意的是，2024 年的专利申请中新增了近 10 条英文研究专利。同时，“虚拟人”相关数据为 374 条，“虚拟数字人”相关数据为 109 条，“数字虚拟人”相关数据为 15 条。《报告》以“数字人”为关键词展开分析，需特别说明，与数字人相关的技术远超此数据。

检索结果统计

申请人	
北京百度网讯科技有限公司	238
中国移动通信集团有限公司	96
咪咕文化科技有限公司	70
深圳追一科技有限公司	61
中国工商银行股份有限公司	36
海信视像科技股份有限公司	35
世优（北京）科技有限公司	29
厦门黑镜科技有限公司	27
联通沃音乐文化有限公司	21
南京硅基智能科技有限公司	19
其他	2426

检索结果统计

申请人	
北京百度网讯科技有限公司	100
海信视像科技股份有限公司	9
海马云（天津）信息技术	9
中国工商银行股份有限公司	8
广州虎牙科技有限公司	7
北京烽火万家科技有限公司	6
世优（北京）科技有限公司	5
江西像航科技有限公司	5
像航（上海）科技有限公司	5
小哆智能科技（北京）有	5
其他	373

检索结果统计

申请人	
中国移动通信集团有限公司	14
咪咕文化科技有限公司	14
广州市拓璞电器发展有限公司	8
浙江核新同花顺网络信息股份有限公司	7
浙江同花顺智能科技有限公司	7
平安科技（深圳）有限公司	6
清华大学	4
东风汽车集团股份有限公司	4
南京维赛客网络科技有限公司	4
重庆长安汽车股份有限公司	4
其他	351

来源：国家知识产权局专利检索数据

图 1-1　国家知识产权局专利检索数据

在对 774 条“数字人”专利申请数据进行逐一清理，排除“数字人民币”等 133 条不相关数据后，统计得出 2024 年度数字人领域专利申请数量高达 641 个，其中已获得授权公开的专利为 340 个，较 2023 年的 148 个增长了 129.73%。

法定专利技术类型分为发明、实用新型和外观设计。2023 年度数字人领域发明专利申请共计 613 项，242 项获得专利授权；实用新型专利申请共计 6 项，22 项获得专利授权；外观设计专利申请共计 14 项，76 项获得专利授权。国内数字人领域 2024 年度的专利申请情况仍呈现以发明专利为主的显著特点，其中，发明专利申请约占专利总申请数的 96%，充分反映了业界在核心技术研发上的强劲势头和深度创新，而 242 项发明专利申请获得授权，意味着约有 40% 成功过批，较 2023 年增长近一半，这也表明数字人行业的版权意识正在逐渐增强。

技术趋势：AI 驱动与多模态融合成为主流

AI 深度赋能，推动技术智能化升级。超过 90% 的专利涉及人工智能技术，其中深度学习、生成式 AI（如 GAN、扩散模型）成为核心技术手段。AI 技术正从单一功能（如语音识别）向全栈式智能（语义理解、动作生成、情感反馈）演进。

多模态交互技术取得密集突破。60% 以上的专利聚焦多模态数据融合。其中，语音 + 视觉协同、情感多维度感知成为重点研究方向。此类技术显著提升了数字人交互的自然度，推动其从“工具化”向“拟人化”跃迁。

实时渲染与轻量化硬件创新。硬件相关专利占比达 25%，重点突破数字人落地瓶颈。同时，边缘计算、分布式渲染技术助力数字人在移动端的高效部署。

行业应用：加速向垂直场景渗透

2024 年，数字人技术加速向多元化垂直场景渗透，形成了“消费级爆发、产业级深化、元宇宙筑基”的三维拓展格局。在消费领域，数字人技术全面融入直播电商、在线教育、文娱互动等高频场景，通过个性化内容生成、实时交互优化和沉浸式体验升级，显著提高了用户参与度和商业转化效率。在产业端，医疗、工业、能源等传统领域成为技术落地新方向，数字人从单一工具角色向“全流程赋能者”转型，参与健康监测、远程运维、虚拟培训等核心环节，助力企业降本增效与数字化转型。与此同时，元宇宙基建技术快速成熟，围绕虚拟空间构建、跨平台交互、高精度渲染的专利布局密集涌现，推动数字人从独立应用向虚实融合的生态系统演进，为社交、办公、商业等元宇宙场景提供底层支撑。

竞争格局：头部引领与生态协同

行业竞争呈现“巨头主导、垂直突围、协同共生”的鲜明特征。头部科技企业凭借技术积累与资源整合能力，在 AI 驱动引擎、多模态交互、云端渲染等核心领域构筑专利壁垒，并通过开源框架与标准化接口推动技术生态扩张。中小创新主体则专注于细分场景的差异化突破，在医疗问诊、工业仿真、个性化教育等领域形成技术长尾，以轻量化解决方案抢占垂直市场。产学研协同创新成为重要趋势，高校与企业的联合专利占比提升至18%。高校与研究机构在前沿算法（如神经辐射场、实时动作捕捉）方面不断取得突破，企业通过联合研发加速技术商业化落地，形成“基础研究—技术转化—场景应用”的创新闭环。在这一格局下，数字人技术标准逐步统一，跨行业协作生态初步形成，为规模化应用奠定了基础。

2024 年，中国数字人技术正从“功能创新”迈向“生态构建”，专利布局既彰显了技术突破的锐度，也映射出应用落地的广度。未来，随着 AI 与多模态技术的持续迭代，数字人有望成为连接物理与数字世界的核心交互载体，重塑千行百业的运营模式与人机协作范式。

4. 资本市场端：企业数增加近四成，投融资呈现“双轨并行”特征

天眼查专业版为《报告》提供的数据显示，截至目前，我国现存在业、存续状态的“虚拟数字人”相关企业约为 133.9 万余家，较 2023 年企业数同比增长约 36.9%。截至 2024 年，数字人、虚拟数字人相关企业呈逐年增长的态势，并在 2024 年达到顶峰，年度注册企业超过 41.3 万家。2025 年截至目前，新增注册相关企业 5 万余家。

从地域分布来看，广东省、浙江省和山东省三地相关企业位居前列，分别为 17.7 万余家、10.1 万余家、9.3 万余家，三省总和占全国总量的 27.3%；江苏省、北京市和福建省紧随其后。

从行业分布来看，文化、体育和娱乐业，信息传输、软件和信息技术服务业合计占比约为五成，占据主流。

从成立时间来看，57.32% 的相关企业成立于 1—5 年内，成立于 1 年以内的相关企业占 31.09%。

（注：以上数据界定方式为企业名称部分包含“数字人、虚拟偶像、虚拟数字人”、经营范围部分包含“数字内容制作服务、数字文化创意软件开发、数字人、虚拟偶像、虚拟数字人”）

在投融资方面，2024 年，中国数字人与元宇宙领域投融资活动呈现“双轨并行”特征：数字人领域共发生 16 起融资事件，累计金额超 25 亿元，战略投资金额占比超 70%；元宇宙领域关联项目融资达 27 起，总规模突破 50 亿元，融资规模分层明显，呈现资本向技术密集型企业倾斜的现象。两大领域均以早期投资为主，天使轮占比分别达 37.5%（数字人）和 18.5%（元宇宙），反映出市场对新兴技术的高度关注。

数字人领域方面，技术驱动型融资占主导地位。AI 生成与交互技术成投资热点，数字人行业投融资事件高度集中于数字人应用开发与数字人平台领域，而专注于数字人 IP 孵化、内容运营及品牌商业化的企业融资事件不足 20%，且单笔金额普遍较小。另外，产业资本的深度参与进一步强化了生态协同：百度、鼎晖投资等机构多次出手，侧重技术整合与生态协同；战略投资占比提升，头部企业如商汤科技通过大额融资巩固技术壁垒，抢占行业标准话语权。

元宇宙领域融资方面，技术融合催生新赛道，数字孪生技术推动工业级应用落地，成为资本布局新焦点。中科云墨、翱翔研究院等技术服务商密集获投，推动工业、城市管理领域虚实融合；AR/VR 交互生态扩容，加速消费级应用渗透。与此同时，区块链游戏开发商武道觉醒获 Sequoia Capital 等国际资本加持，资本布局呈现“国际化”与“跨界协同”趋势，阿里巴巴、科大讯飞等科技巨头通过战略投资构建内容生态，地方政府基金与产业资本则深度参与技术落地。

从跨领域视角看，数字人与元宇宙的投融资逻辑既存在共性又各有侧重。两者均以天使轮为早期探索主力，但数字人领域更关注技术成熟度与场景适配性，早期项目需证明商业化可行性；元宇

宙领域则倾向于长周期技术布局，数字孪生、空间计算等底层技术成长期投入重点，但两者均指向“全链条整合”的资本逻辑。

2024 年，中国数字人及元宇宙领域投融资呈现“技术深挖”与“生态扩张”双重逻辑。资本正从单一技术投资转向全链条布局，具备生态协同能力的企业或将最终定义行业竞争边界。

表 1-4　2024 年度数字人行业投融资一览表

序号	公司名称	业务定位	数字人代表（运营支持 / 技术提供）	融资时间	融资概况	资本方	数据来源
1	环球墨非	虚拟数字技术研发商	杜海涛数字人	2024 年 1 月 4 日	Post-IPO 1000 万美元	未披露	烯牛数据
2	心影随形	生成式大模型方案解决商		2024 年 1 月 6 日	Pre-A 轮 未披露	鼎晖投资 范式基金	鲸准
3	百应科技	智能营销服务产品提供商		2024 年 2 月 2 日	战略投资 2 亿元人民币	百度、湖北高投	烯牛数据
4	影动视觉	AIGC 人工智能开发与培训应用服务商		2024 年 3 月 5 日	天使轮 数千万人民币	中盈股权投资领投	烯牛数据
5	夸夸菁领	数智政务助理服务提供商		2024 年 3 月 14 日	天使轮 1000 万元人民币	未披露	烯牛数据
6	MyTwins.ai	数字生命技术公司		2024 年 4 月 2 日	天使轮 数千万人民币	将门创投、永禧资产、西湖科创投	鲸准
7	捏 Ta	AI 角色创作平台		2024 年 4 月 8 日	天使轮 /Pre-A 轮 1000 万元人民币	源码资本 奇绩创坛等	烯牛数据
8	富拾科技	数字文化产品服务商与数字生活方案整合商		2024 年 5 月 30 日	天使轮 2117 万元人民币	太一集团	烯牛数据
9	商汤科技	人工智能技术研发及服务商		2024 年 6 月 21 日	战略投资 18.6 亿元人民币	未披露	鲸准
10	CreativeFitting 井英科技	AIGC 内容平台		2024 年 7 月 1 日	Pre-A+ 轮 数百万美元	百度	烯牛数据
11	向量方程	智能数字人平台开发商		2024 年 8 月 26 日	天使轮 1000 万元人民币	真成投资领投，北京极信、上海天使会跟投	烯牛数据
12	风平智能	AI 数字人公司	华华子（杜华分身）	2024 年 9 月 11 日	A 轮 数千万人民币	璀璨者资本、华鲲资本、中金汇财个人投资人	鲸准
13	李未可	AI+AR 眼镜研发商	李未可	2024 年 10 月 18 日	战略投资 1000 万元人民币	英派斯	烯牛数据
14	景致数据	图像三维重建技术研发商		2024 年 11 月 26 日	A 轮 未披露	华盖资本	鲸准
15	中科闻歌	决策智能技术与应用服务商		2024 年 12 月 10 日	战略投资 1 亿元人民币	顺禧基金	烯牛数据

续表

序号	公司名称	业务定位	数字人代表（运营支持 / 技术提供）	融资时间	融资概况	资本方	数据来源
16	拓元智慧	新型多模态大模型研发应用服务商		2024 年 12 月 30 日	Pre-A+ 轮 1 亿元人民币	粤科金融集团、银杏谷资本、琢石投资等	烯牛数据
17	灵伴科技	专注 5G+AI+AR 领域人机交互技术		2024 年 1 月 9 日	C+ 轮 近 5 亿元人民币	合肥鑫城、多家财务和战略投资机构	36 氪
18	沉浸机遇	VR 主题乐园运营商		2024 年 2 月 9 日	A 轮 未披露	南京中益仁、汇芯投资	鲸准
19	火链网络科技	元宇宙数字藏品项目		2024 年 2 月 22 日	天使轮 1000 万元人民币	未披露	鲸准
20	海南众乐	元宇宙技术研发与创新服务商		2024 年 2 月 28 日	天使轮 500 万元人民币	拾玉资本、沸点资本、海威基金	鲸准
21	星凡星启	一站式行业 AIGC 技术服务提供商		2024 年 3 月 8 日	Pre-A 轮 1 亿元人民币	盛景嘉成领投，开普云、高捷资本跟投	烯牛数据
22	凡拓数字	数字创意展示工程解决方案提供商		2024 年 3 月 16 日	股权转让 120 万元人民币	凡拓创意	烯牛数据
23	航行世界	AR 元宇宙平台		2024 年 3 月 20 日	种子轮 200 万美元	Polychain Capital、Khan’s Kitchen、Hack VC	鲸准
24	解构未来科技	面向不同人群的 AI 智能毛绒玩具		2024 年 3 月 28 日	天使轮 未披露	科大讯飞	鲸准
25	喔哇宇宙	AIGC 模型创作工具开发商		2024 年 4 月 7 日	战略投资 1000 万元人民币	阿里巴巴、乐华圆娱、元隆雅图	烯牛数据
26	根号叁	VR 解决方案供应商		2024 年 4 月 26 日	A2 轮 数千万人民币	厦门创投、犇远资本	烯牛数据
27	翱翔信息物理融合创新研究院	数字孪生系统研发商		2024 年 5 月 13 日	A 轮 未披露	西工大资产管理	鲸准
28	武道觉醒	区块链游戏研发商		2024 年 5 月 15 日	种子轮 300 万美元	Sequoia Capital 领投，Dweb3 Capital、Foresight Ventures 跟投	烯牛数据
29	贰元数字	景区元宇宙构建与 VR 剧本杀编辑器开发商		2024 年 6 月 4 日	战略投资 2000 万元人民币	世元通达基金	烯牛数据
30	DataMesh	数字孪生技术服务提供商		2024 年 6 月 12 日	战略投资 未披露	KDDI Open Innovation Fund、新电投资公司等	烯牛数据
31	中科云墨	数字孪生及元宇宙技术研发应用服务商		2024 年 6 月 12 日	Pre-A 轮 未披露	锡创投	烯牛数据

续表

序号	公司名称	业务定位	数字人代表（运营支持 / 技术提供）	融资时间	融资概况	资本方	数据来源
32	魔迪数字	政企数智化转型解决方案提供商		2024 年 6 月 28 日	A 轮 1500 万元人民币	中国信达集团	鲸准
33	轻松元宇	区块链游戏开发商		2024 年 7 月 31 日	天使轮 未披露	两江资本	鲸准
34	博新全宇宙	大空间沉浸式互动内容 品牌提供商		2024 年 8 月 1 日	战略投资 数千万人民币	上海文化产业发展投资基金	鲸准
35	中乾思创	数字孪生技术研发商		2024 年 8 月 12 日	并购 未披露	桑达股份	鲸准
36	五一视界	数字孪生全要素场景解决方案提供商		2024 年 8 月 16 日	Pre-IPO 2 亿元人民币	南宁焕新资本	烯牛数据
37	三体智慧	三维数字引擎研发商		2024 年 8 月 26 日	天使轮 未披露	昆山高新集团	鲸准
38	灵伴科技	专注 5G+AI+AR 领域人机交互技术		2024 年 9 月 30 日	战略投资 1 亿元人民币	江夏科投集团	36 氪
39	灵思创奇	仿真系统提供商		2024 年 10 月 16 日	A 轮 数千万人民币	深创投	鲸准
40	网思科技	数字化解决方案提供商		2024 年 10 月 21 日	A+ 轮 亿元及以上人民币	范式基金	鲸准
41	中科云墨	数字孪生技术研发商		2024 年 10 月 25 日	Pre-A 轮 未披露	锡创投	鲸准
42	维享时空	AI 空间大模型综合性服务商		2024 年 12 月 20 日	股权投资 数千万人民币	浦东创投等	烯牛数据
43	米虫科技	元宇宙服务提供商		2024 年 12 月 30 日	并购 未披露	深圳南海边贸易	鲸准

（四）行业挑战

2024 年，AIGC 让数字人产业成为规模化且天花板够高的赛道。在 AI 技术迭代加速及市场需求升温的双重驱动下，产业开始进入价值兑现的关键期。数字人行业在扩张的同时，持续面临技术瓶颈及商业化压力，特别是服务广度与利润率的矛盾、垂直领域解决方案的竞争壁垒等核心挑战。

1. 技术的突破与监管仍是难题

数字人技术的核心突破在于实现自然交互，但当前的多模态数据融合仍存在系统性障碍。情感计算需要整合语音、视觉、动作等多模态数据，但不同模态的时间同步性不足导致了共情失真——语音与表情的毫秒级延迟可能引发情绪误判，尤其是在医疗问诊等高精度场景中，这一问题会直接影响用户体验与信任度。尽管多家技术公司通过神经渲染技术优化情感反馈，但跨模态数据的实时对齐与噪声环境下的鲁棒性仍是技术攻坚重点。

2024 年，数字人应用加速向移动端迁移，但轻量化引擎的普及也在挑战渲染质量与硬件适配。例如，消费级 XR 设备难以支持影视级数字人的高精度动态模拟，导致部分场景下的动作僵硬、表情失真。

技术普惠也带来了被滥用的风险。2024 年，生物特征数据非法采集与合成技术滥用现象频发，未经授权的声音克隆技术被广泛用于商业营销、娱乐和诈骗活动，引发社会高度关注。言语失范的 AI 雷军、直播带货的院士等事件，更触及了《个人信息保护法》《声音保护条例》等法规红线。

2. 服务广度增加，但利润率下滑

当前，“内卷”之风也出现在数字人行业，行业正面临着服务边界拓展、规模扩张但商业利润下滑的深层矛盾。

在 B 端市场，数字人产品呈现明显的同质化、低价化倾向。一方面，多数企业依赖开源工具与标准化组件进行快速交付，虽然降低了使用门槛，但也导致了产品的功能趋同；另一方面，随着技术的发展，行业准入门槛进一步降低，许多企业将主要精力投入价格战而非技术创新上。低价竞争策略虽短期内提升了市场渗透率，但牺牲了服务质量与长期价值创造能力，形成了“低价扩张—研发投入不足—服务质量下降”的恶性循环。这种模式在定制化开发成本与客户支付意愿之间出现了价值倒挂现象。

在 C 端市场，数字人开始作为消费级产品快速普及，但相较于标准化产品，用户明显更愿意为具有 IP 属性的数字人付费。在年度《2025 数字人用户认知和使用情况调查问卷》中，针对“哪些因素会促使您为数字人付费？”一题，54.75% 的人将票投给了“独家版权形象”，“智能化程度高”占 44.42%，“高精度专业服务”占 23.06%，“情感价值”占 12.56%。这为市场提供了重要启示——未来竞争将更依赖差异化内容创新与场景深度融合能力。

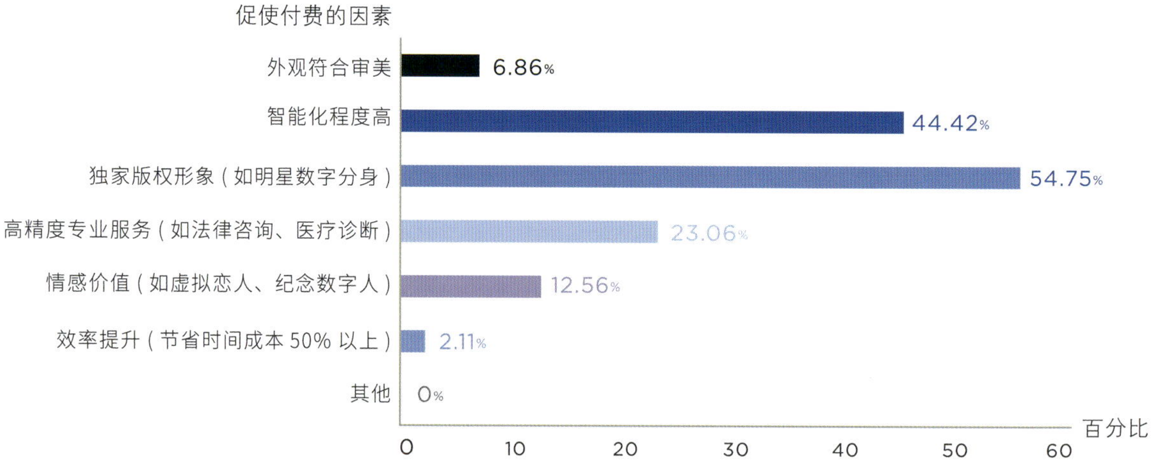

图 1-2　哪些因素会促使您为数字人付费？

3. 服务深度遇门槛，垂直场景开拓壁垒重重

随着数字人的泛在化发展，数字人行业的竞争越发激烈，特别在垂直场景方案提供上，数字人企业将面临与传统行业解决方案服务商的竞争：在提供深度定制化服务时，技术实现的复杂性与行业认知的壁垒对数字人企业形成了双重门槛；而数字人技术的普及，容易让数字人“一张皮”成为传统服务商的“增值服务”，从而进一步加剧数字人企业市场拓展的不确定性。

垂直领域的解决方案需要重新构建行业专属的知识图谱、合规框架和交互逻辑，这不仅要求跨行业的技术整合能力，更需要对特定行业的业务流程、监管要求和用户需求形成深刻认知。更深层的矛盾在于价值实现路径的模糊性。垂直领域的解决方案需要构建“技术＋行业＋生态”的复合价值体系，但当前不少数字人企业仍停留在技术赋能的初级阶段，未能建立与客户业务增长深度绑定的盈利模式。

行业专业性壁垒的存在，使得数字人企业的垂直服务场景拓展需要更多的人才、时间和案例打磨。目前数字人活跃的社交、文娱、快消、文旅等行业的专业知识门槛不高，因而竞争激烈，而金融、民航、重工等行业明显开拓不足。以金融行业为例，传统的核心系统供应商具有金融服务要求的各类资质及庞大的服务数据库，而数字人企业往往只能成为单一功能的供应商。

未来，将有更多的垂直行业服务机构开始整合数字人方案，而数字人企业也应在服务深度上进行挖掘，深耕垂直场景形成自己的护城河。

2 影响力报告

INFLUENCE REPORT

（一）指数编制说明

图 2-1　整体指数三级指标展示

1. 数字人影响力指标体系设立

本年度数字人影响力指标体系采用主客观结合的分析方法，综合运用了统计学、深度学习、德尔菲法进行计算，构建了传播力、产品力、社会力作为一级指标的评估体系，在一级指标下划分出 16 个二级指标，在二级指标下进一步细分出 39 个三级指标、近百个四级指标，评分依据更加准确、全面、具体。

图中，社会力、传播力、产品力分别以紫、青、蓝三种颜色呈现；一、二、三级指标由内而外依次呈现；三级指标按照柱状图的长短体现权重大小。

（1）据采集及计算方法说明

数据采集时段：2024 年 1 月 1 日至 2024 年 12 月 31 日，即 2024 年全年。

（2）本报告评分由三个维度数据共同呈现

1）全网监测数据

覆盖了大型门户网站（如新浪、搜狐、网易等）、新闻媒体网站（如北京日报、经济新闻网、人民网）、自媒体平台 / 网站（如百家号、今日头条等）和新媒体平台（如微信公众号、博客中国等）对于数字人的官方报道内容。基于数字人的百度指数、百度词条获取相关数据，同时参考了 2024 年度公开的数字人相关排行榜单。

2）五大平台营销效果数据

与数字人 IP 官方营销效果有关的基础数据采自新浪微博、抖音短视频、哔哩哔哩、快手短视频、小红书五个平台中数字人 IP 的官方账号主页，包括互动数、原创数、粉丝数、营销话题数、营销话题内容数据等。

3）专家团队评分

中国传媒大学媒体融合与传播国家重点实验室、动画与数字艺术学院、广告学院等专家针对各数字人的技术设计、美术分级、营销能力和社会力等相关内容进行打分。

（3）权重设置

本指数的权重设置基于层次分析法，建立层次结构模型、构造成对比较矩阵，对于一级、二级指标，分别计算其相对重要性权重、做一致性检验、层次总排序及决策。

2. 五大平台数据采集及相关研究方法

（1）设定各平台的检索关键词

以各数字人为中心，依据五大平台的不同传播特点，构建影响力关键词体系以及检索逻辑，用于数字人网络文本的检索。设定的数字人检索词准确、全面地表达各数字人的实质信息，并依据初版数字人爬取数据进行检索关键词的优化。

（2）爬取数字人网络文本，构建数字人语料

使用 Python 中的 Scrapy、Playwright 和 Requests 在内的多种框架和技术进行数字人网络文本爬取。在 2024 年度中国数字人影响力指数中，数字人数据的采集时间范围为 2024 年 1 月 1 日至 2024 年 12 月 31 日。在数字人信息爬取的系统框架中，主过程由调度模块、解析模块和持久化模块三部分组成。调度模块为多线程中的各个爬虫线程分配工作任务；解析模块下载网页信息，进行页面处理，获取信息内容；持久化模块用于存放下载的网页信息资源。爬取工作中使用了 MySql 数据库存储爬取的相关信息，为了提高查询效率并对每个表建立索引。五个平台累计获得 107 万条左右相关信息，有效实现了避免重复爬取的算法机制。

（3）清洗数字人网络语料

依据信息价值规范和数字人信息特点，制定数字人网络文本的排除规则，对爬取的数字人网络语料进行初步清洗，去除广告信息和无关信息。对初步清洗后的数字人语料进行人工检查，结合五大平台不同的文本特点，进一步确定特殊的、有针对性的语料清洗规则，对表情进行文字转化处理，对无效表述进行删除。

（4）分平台指标计算

使用中国传媒大学媒体融合与传播国家重点实验室、国家舆情实验室的情感分析算法，对上述清洗后的语料进行情感计算和价值标注。通过国家舆情实验室的情感词典，对数字人的发文文本进行具体的情感值计算，从而获得准确的情感价值判断，用于进行数字人的情感取向和价值分析。

（5）数字人网络文本进行计算、统计和可视化描述

通过设置五个平台的分配权重、设定覆盖不同维度的计算指标、设定不同计算指标间的分配权重，根据相应算法计算五个平台的多维度指标，获取各数字人的相关计算得分。通过可视化方法对数字人的网络语料进行声量、互动量、情感价值等多维度的分析，并对五个平台间的数字人数据进行有效对比，从而获得覆盖五个平台的数字人的完整分析结果。

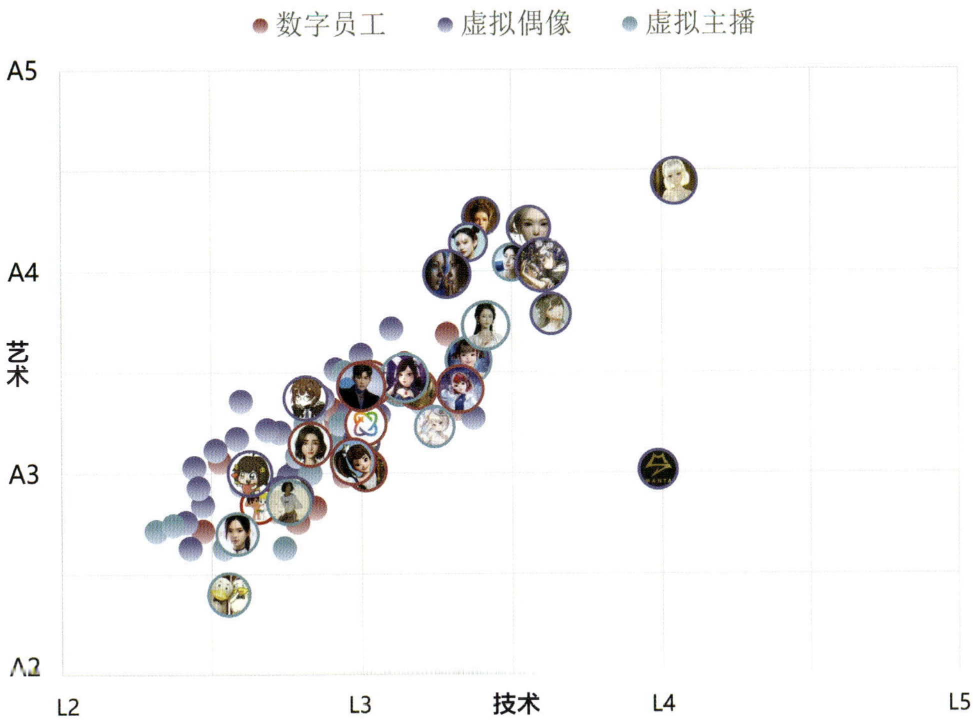

图 2-2　部分样本“技术 + 艺术”产品力分级展示

数字人作为跨学科融合产物，其价值构建依赖技术与艺术的协同发展。采用技术与艺术双维度评估体系，能够更全面地衡量数字人的产品竞争力与市场生命力。从技术维度看，作为产业发展的核心驱动力，其演进方向正持续向高仿真化、智能化迈进；而在艺术表现层面，其构成了数字人文化属性的基底，既是满足市场审美需求的关键要素，也是实现差异化竞争的重要突破口。

本评估体系将技术能力划分为 L1 至 L5 五个等级，将艺术能力至分为 A1 至 A5 五个层级。需要注意的是，当前市场上数字人的技术与艺术能力整体提升，均处于 L2/A2 以上等级，为优化可视化效果，本图从 L2/A2 建立坐标轴；头部数字人 IP 多集中在技术 L3—L4 与艺术 A3—A4 的发展区间。

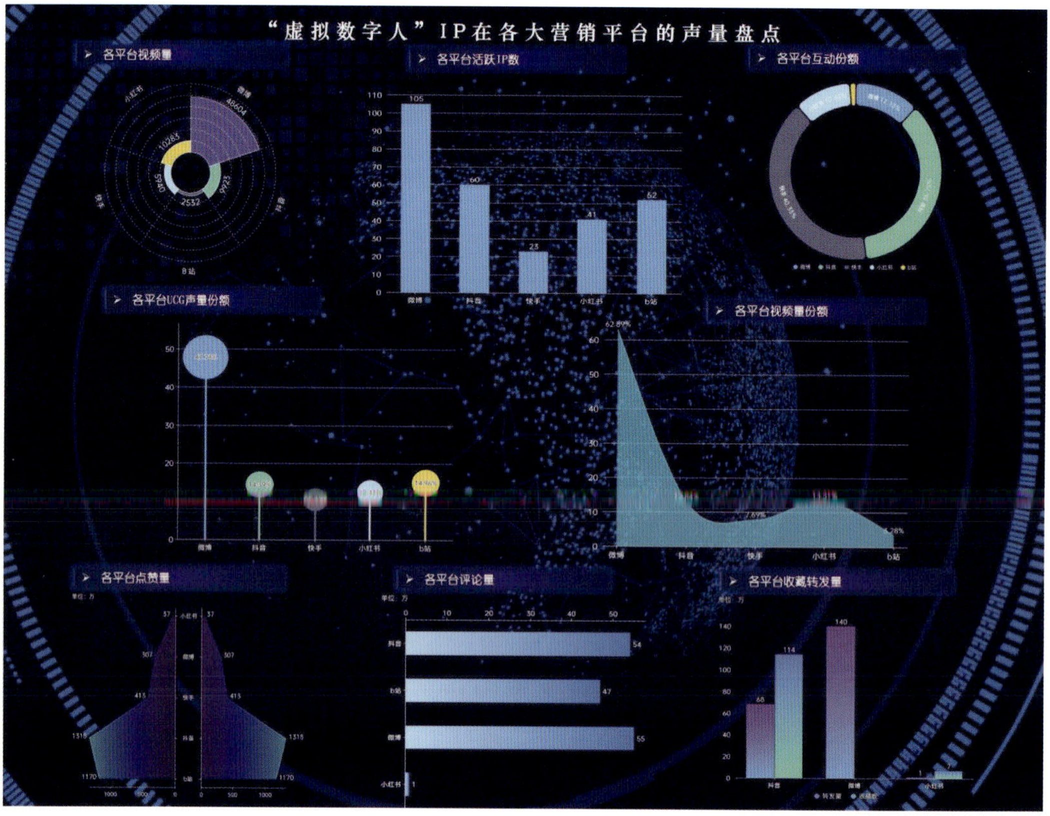

图 2-3　360 个国内数字人 IP 样本营销声量盘点

在营销平台指标计算中，各平台的权重分别为：微博 31%、抖音 20%、快手 13%、小红书 19%、b 站 17%。

相较于第三期《报告》的 311 个样本量，本期监测和统计的重点数字人 IP 样本量达 360 个，声量盘点图展现了 360 个样本在五大平台的声量情况：

视频量，为所有样本在各平台的视频总量，包括各平台中所有数字人的官方账号视频动态以及各平台中第三方发布的样本相关视频。

互动量，为各平台中样本相关用户互动次数，如点赞数、评论数等。

UGC 声量，统计了所有样本在各平台的官方账号原创内容的数量，反映了相关样本在对应平台上的原创能力和活跃程度。

2024 年年度数据显示，抖音作为短视频平台成为大部分数字人的活跃地，数字人可以使用该平台与粉丝互动、进行营销活动，其声量份额在所有平台中占 35.75%，超过三分之一。在各平台活跃 IP 数上，抖音也排在第二位，有 60 人；微博是活跃 IP 最多的平台，达到了 105 人，同时，微博的 UCG 声量份额也达到了最高，占比为 47.78%，点赞量、转发量也位居各平台第一；b 站和快手也是数字人 IP 的活跃平台，声量占比分别为 3.28% 和 7.69%，b 站评论量、点赞量都较多，分别达到了 47 万和 1170 万；小红书在各个方面的表现较为平均。

（二）总体指数

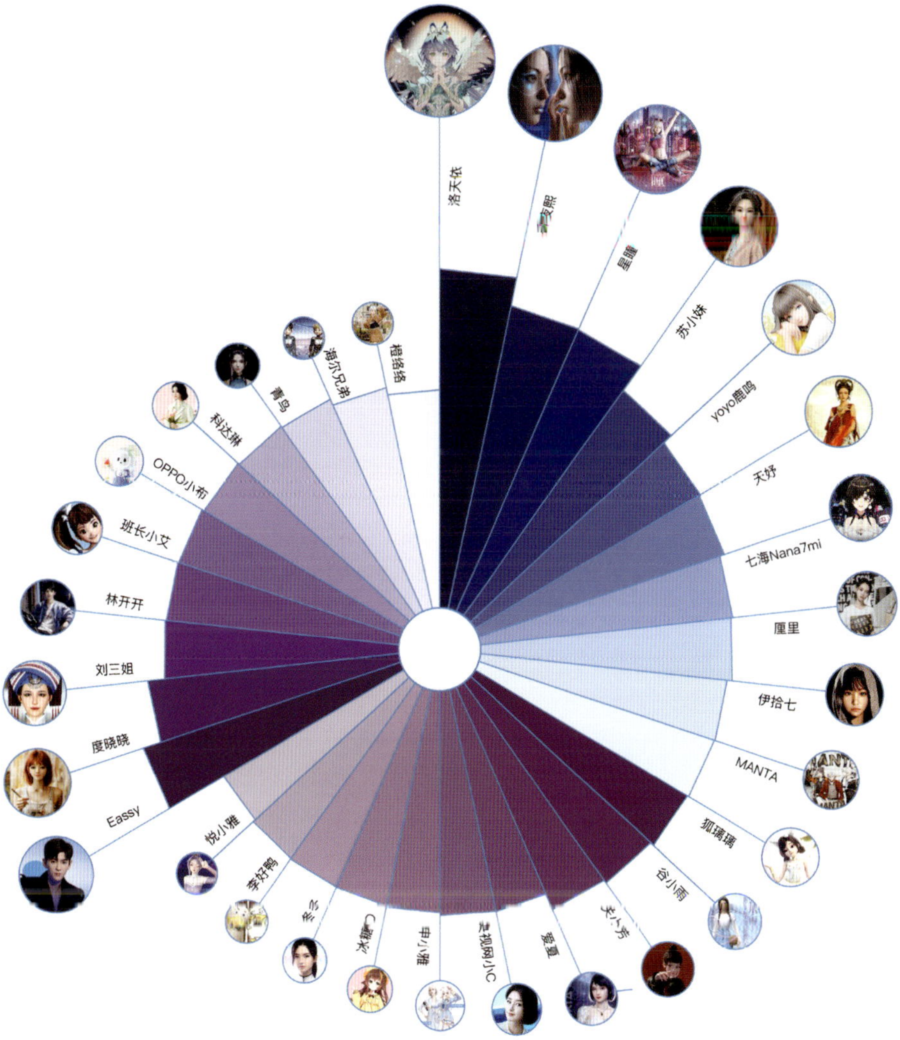

图 2-4　2025 年度数字人 IP 影响力总榜单

虚拟偶像

数字人领域的核心发展引擎，2024 年依托更成熟的形声行模因构建体系与创新运营模式，持续深耕粉丝生态，在传播力、产品力、社会力层面，群体表现越发亮眼。洛天依以标杆姿态稳守头部地位，柳夜熙、星瞳等凭借内容迭代巩固高人气；七海 Nana7mi、MANTA 等新生力量以潮流化、个性化内容强势破圈。虚拟偶像群体通过多元探索，不断延展产业边界，释放更强劲的数字文化影响力。

洛天依

2024 年度虚拟偶像总分 TOP10

洛天依、柳夜熙、星瞳、苏小妹、yoyo 鹿鸣、天好、七海 Nana7mi、厘里、伊拾七、MANTA

虚拟主播

延续技术驱动与场景裂变的双轮发展态势。AIGC 技术突破推动虚拟主播从单一娱乐场景向新闻播报、电商直播、文旅导览等领域深度渗透。以狐璃璃、谷小雨等为代表的虚拟主播在多个平台深耕，央视网小 C 等媒体虚拟主播也开始尝试跨领域传播，影响力不断扩大；虚拟主播在直播带货领域表现亮眼，携手多个品牌实现收益和口碑双丰收。随着 AIGC 技术深度融合，虚拟主播正从内容载体向智能交互入口演进，其商业模式与伦理边界的探索将持续影响行业发展方向。

狐璃璃

2024 年度虚拟主播总分 TOP10

狐璃璃、谷小雨、关小芳、爱夏、央视网小 C、申小雅、冰糖 IO、冬冬、李好鸭、悦小满

数字员工

依托大模型与智能体技术的突破，数字员工的智能化水平实现质的飞跃，不仅在客服、审批等基础业务场景中承担主力角色，更向营销策划、数据分析等高阶领域渗透，成为企业数字化转型的核心生产力。在传播力建设方面，数字员工加速从功能性工具向品牌 IP 转型。以 Eassy、度晓晓为代表的头部数字员工通过多模态交互技术，在社交媒体、直播电商等场景中构建差异化人设，成功塑造出兼具专业度与亲和力的品牌形象。数字员工正以独特的优势，重塑各行业的服务生态，推动数字化转型迈向新高度。

Eassy

2024 年度数字员工总分 TOP10

Eassy、度晓晓、刘三姐、林开开、班长小艾、OPPO 小布、科达琳、青鸟、海尔兄弟、橙络络

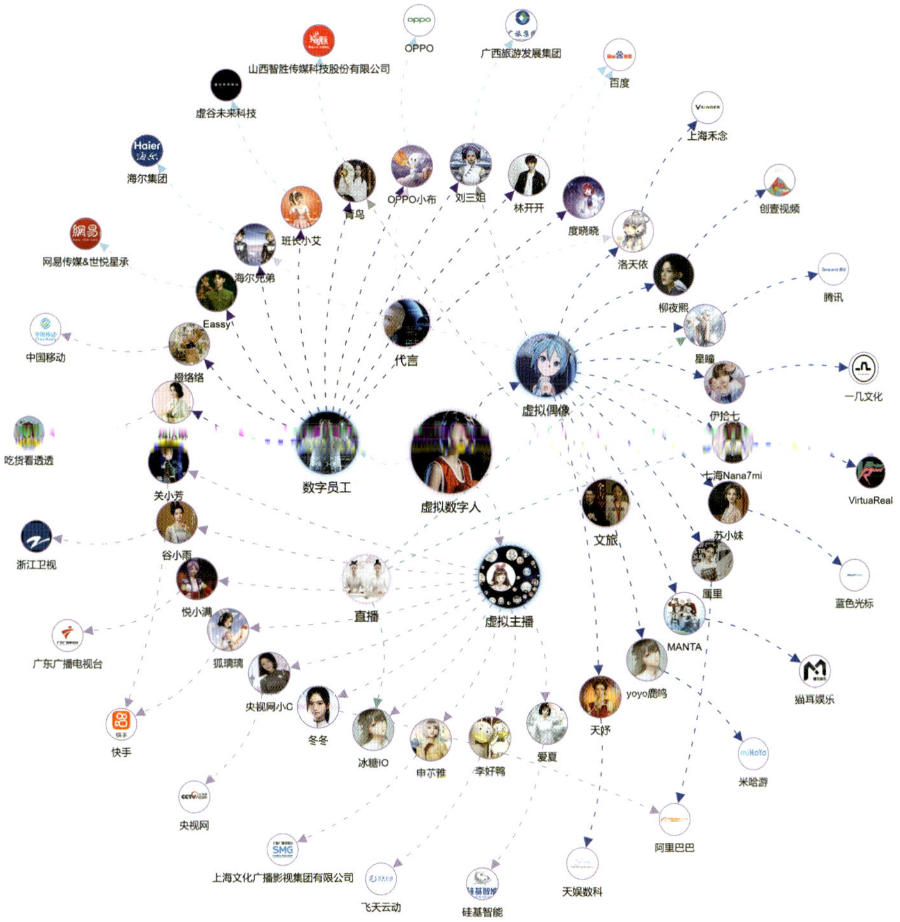

图 2-5 总体指数关键词展示

2024 年，数字人生态呈现多元化发展态势，文旅传播、直播经济与商业代言构成核心应用场景，品牌联动与社交共创持续深化产业价值。

数字人广泛参与文旅活动，如青鸟、刘三姐等数字员工开启云端导览服务，央视网小 C、谷小雨等虚拟主播通过直播展示地方文化；虚拟偶像，如洛天依和七海 Nana7mi 等成为品牌代言的主力军，涉及电子产品、时尚、美妆等多元赛道。OPPO、海尔等品牌则加快布局，以虚拟形象强化科技感和品牌价值；同时，直播成为数字人发展的重点，星瞳、七海 Nana7mi 等数字人在游戏、科普和社交等场景中持续活跃，既通过直播带货实现商业转化，又依托品牌合作拓展商业模式。

此外，百度和快手推出的多个数字人也表现活跃，这些数字人广泛应用于娱乐、直播和文化活动，吸引了大量观众的注意力。百度通过其数字人展示了智能化互动，快手推出的虚拟主播在直播带货、短视频内容领域集聚可观流量，推动行业的智能化升级。

从文化传播到商业赋能，从实时交互到 IP 运营，数字人与实体经济的虚实融合程度持续加深，产业生态体系日趋完善。

（三）分类报告

1. 虚拟偶像

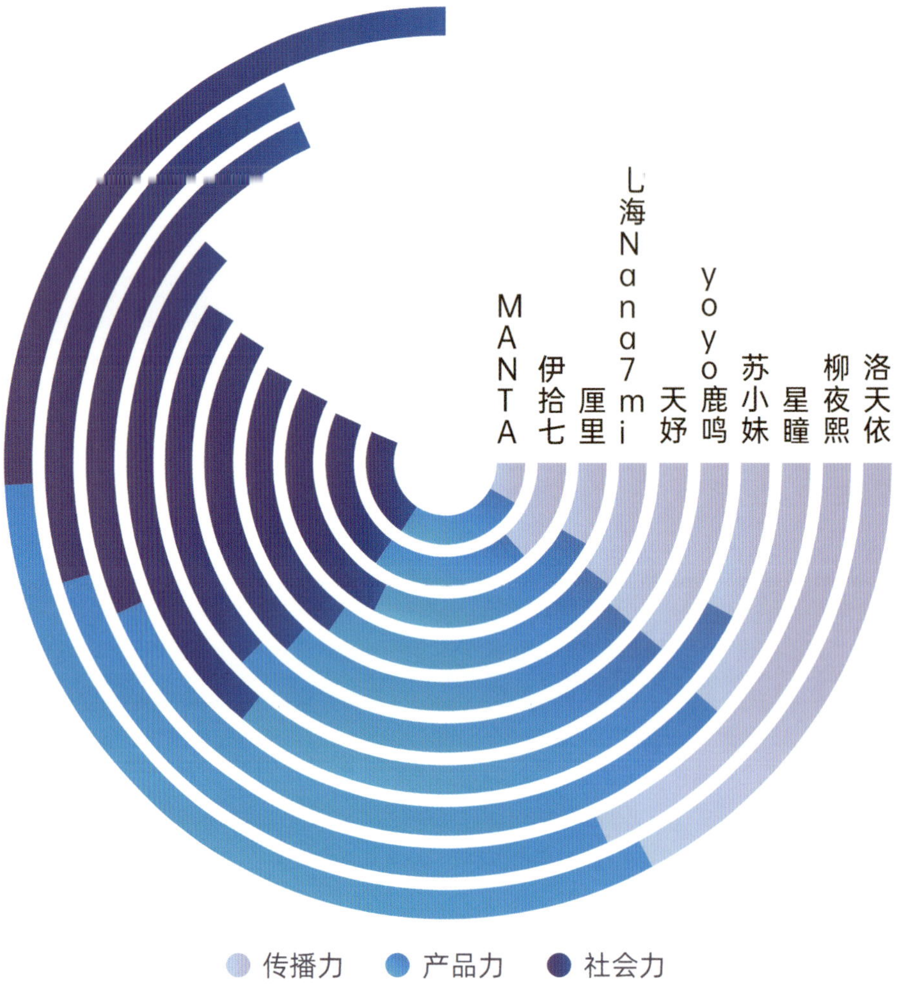

图 2-6　虚拟偶像年度影响力前十指标展示

说明：

作为 IP 商业化运营的典型样本，虚拟偶像在传播力、产品力和社会力三个维度展现出较为均衡的发展态势，且呈现显著的 IP 特性差异。本次上榜 IP 均为机构运营 IP，二次元风格偶像魅力不减，洛天依、星瞳、伊拾七、MANTA 等在各个平台拥有众多年轻用户；超写实风格 IP 柳夜熙、天好、苏小妹则在产品力与社会力上获得更高评分，在商业代言和文化推广方面发力更多、表现更为突出。

（1）年度洞察

行业发展

2024 年，中国虚拟偶像行业呈现显著的“金字塔型”发展格局。头部虚拟偶像持续占据市场主导地位，其商业价值、技术投入与粉丝基数均呈现增长态势。相较之下，中腰部以下虚拟偶像因运营成本高、内容同质化严重，发展明显放缓，部分中小 IP 因难以实现盈利已退出市场。行业资源进一步向头部集中，技术公司、内容平台与资本方更倾向于通过“轻资产投入＋长周期孵化”模式打造超级 IP。

主要应用分析

2024 年，虚拟偶像在中国市场的应用场景持续深化，品牌代言与文旅代言仍是其商业化落地的核心举措，形成了“代言＋内容＋衍生”的闭环生态。随着品牌年轻化战略的推进，虚拟偶像凭借稳定的“人设”与跨平台运营能力，成为快消、美妆、3C 等领域触达 Z 世代消费者的重要媒介。文旅领域，虚拟偶像以数字导游、文化大使等身份融入地方文旅推广。与此同时，IP 衍生品成为新增长极。随着虚拟偶像 IP 资产沉淀，实体化开发加速，虚拟偶像潮玩手办、数字周边等产品线逐步丰富，进一步挖掘粉丝经济价值。

机遇与挑战

2024 年，虚拟偶像行业在技术革新与生态扩张中迎来关键转折，多模态大模型的深度应用与轻量化 XR 设备的普及，推动虚拟偶像实现从基础交互到情感共鸣的跨越式进化。与此同时，IP 衍生生态的多元化探索与全球化布局加速行业价值外溢，文化符号属性的强化催生出元宇宙资产、AIGC 等新兴衍生形态，国际市场的开拓则为中国虚拟偶像输出开辟了全新路径。然而，具身智能技术的突破正重塑人机交互格局，实体化智能设备对商业场景的分流倒逼行业重新审视数字人格的核心竞争力；AI 批量生产带来的内容同质化困境持续加剧，用户难以辨识不同数字人 IP 的核心特质，创新压力与日俱增；技术迭代周期的持续缩短更形成双重博弈，头部企业凭借资源壁垒构建技术护城河，中小团队则陷入研发投入与生存压力的恶性循环。因此，如何在保持虚拟偶像不可替代性的同时，克服内容同质化、加强版权保护、平衡技术创新与成本控制，成为虚拟偶像行业持续发展的关键议题。

（2）典型案例

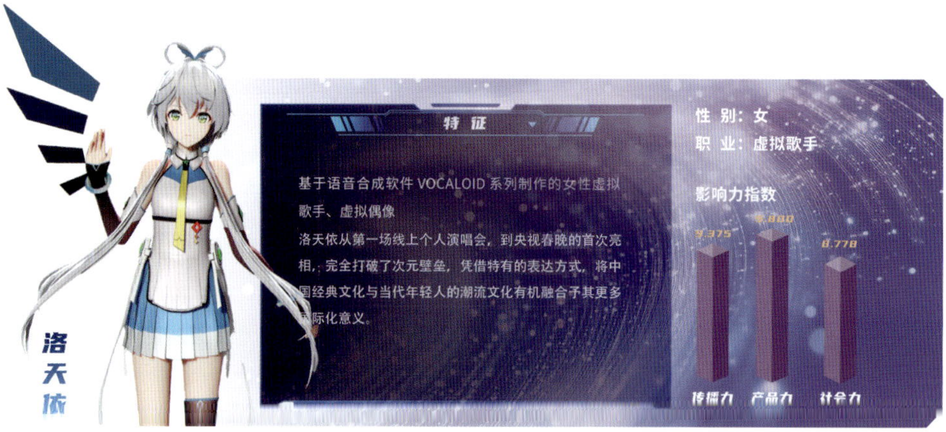

传播力

2024 年，洛天依的传播力持续强劲，表现突出。她通过参加中央广播电视总台的六一晚会、哔哩哔哩的中秋晚会和年末的“最美的夜”晚会等多个大型活动，实现了全网曝光，进一步巩固了她在虚拟偶像中的领导地位。她不仅通过参与重要的文化活动和晚会提升了品牌影响力，还通过与知名品牌和平台（如网易云音乐和索尼音乐）的合作，进一步拓宽了自己的传播范围和受众群体。此外，洛天依的创新演出形式引起了广泛关注，传播力始终处于领先水平。

产品力

2024 年，洛天依的产品力主要体现在音乐创作和技术创新上。她与索尼音乐合作推出的 EP《洛 LUO》展示了她在音乐风格上的多样性，既保留了她标志性的虚拟歌手特色，又融入了更多创新的元素。此外，洛天依通过与网易云音乐 X Studio 的合作，提升了歌声合成的自然度和表现力，使得她的音乐作品在质量和创作自由度上得到了进一步提升。她在多个演唱会和活动中不断尝试不同的演出形式，如全息演唱会的成功举办，进一步提升了她在现场演出领域的竞争力。通过这些创新，洛天依的产品力继续领跑虚拟偶像行业。

社会力

洛天依的社会力体现在她对主流文化的引领以及与社会责任的结合。她不仅在音乐作品中融入现代与传统元素（如“天依游学记”项目的民族文化探索），还通过各种创新活动引领年轻文化的潮流。她的歌曲和表演内容多次获得新华网、央视网等媒体的关注和转发，展现了其在社会责任方面的积极影响。此外，洛天依的活动不仅限于音乐领域，还拓展到了综艺、跨年晚会等多个领域，通过技术创新和内容创新，帮助虚拟偶像不断融入主流文化，并进一步塑造了其在社会中的影响力。

总体评价

不断创新的领航者

洛天依通过技术创新、音乐创作与社会责任的有机结合，在 2024 年继续突破自己的发展边界，成为推动虚拟歌手产业化和文化传播的先锋。她的传播力、产品力和社会力相辅相成，全面提升了她在虚拟偶像行业中的地位。未来，洛天依无疑将在音乐、文化和技术领域继续发挥重要作用，成为虚拟偶像产业化的重要标杆。

厘里

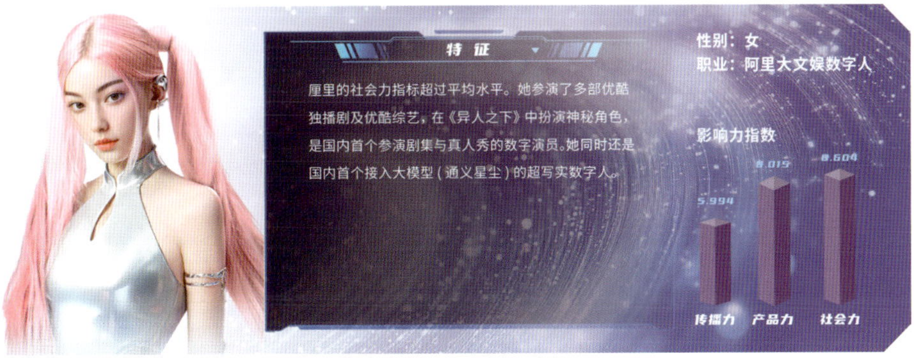

传播力

2024 年，厘里凭借超写实数字人参演真人剧集《异人之下》及综艺《盒子里的猫》的内容破圈力，结合阿里大模型赋能的拟真互动技术，以“影视 + 音乐 + 品牌代言”多维度跨界（如与天王表、MLB 合作）实现全网曝光超 10 亿次，传播力位列虚拟偶像赛道前十。

产品力

作为阿里 AI 战略的重要载体，厘里验证了数字人在内容生产、用户互动及商业运营中的价值，为虚拟偶像行业提供了可复用的产品力范式。依托“通义星尘”大模型与动态捕捉技术，厘里具备了超写实肤质与无脚本自由对话能力，使其参演的真人剧集制作成本降低 80%、效率提升 40%；商业化层面，厘里通过品牌代言、电商直播及音乐发行构建多元变现路径，与天猫、MLB 等品牌联动覆盖潮流消费场景；技术框架层面，形成了“技术标准化—场景适配—生态协同”的全链路体系。

社会力

阿里大文娱虚拟偶像厘里以技术革新与商业化协同，在“社会力”评分中表现突出。其中，在社会责任维度，其技术普惠性（如低成本内容生产）与年轻文化引领力（如音乐 EP 融合科技探索）间接优化行业生态，为虚拟偶像融入主流价值体系提供了标杆范式。

总体评价

技术 + 商业双轮驱动 树立虚拟偶像工业化标杆

厘里是阿里大文娱超写实数字人。在技术层面，其依托自研“通义星尘”大模型与光场技术，在影视工业化中展现标杆价值，并推动行业首个数字人工业化标准建立；其技术框架（虚拍系统 + 动态捕捉 +AI 大模型）被开放为“产业基础设施”，赋能影视制作降本增效，间接优化行业生态。在商业维度，厘里构建了“代言 + 音乐 + 影视”全链路生态：签约大麦推出首张音乐 EP 及科幻微短剧 OST，担任天猫双 11 运动户外推广大使，联动迪桑特、FILA 等品牌覆盖潮流场景，代言天王表时更以 rapper 身份打破传统营销模式；在行业推动力层面，厘里参与 CCTV《2024 中国 · AI 盛典》演绎科技版《咏春》，推动数字人进入主流文化场景，同时，作为首个登陆国际展会 BEYOND Expo 的数字人，厘里以 AIGC+ 影视实践探索全球市场，为虚拟偶像融入主流价值体系提供了兼具技术深度与商业广度的标杆范式。

传播力

MANTA 是虚拟偶像前十排行榜中唯一的男团。通过多平台联动和创新的内容形式，MANTA 在 2024 年进一步扩大了粉丝基础。他们发布了多支高质量的音乐作品，在发布后迅速引发热议。比如，单曲《如伥》获得了 14 万浏览量和 3298 次点赞，话题打榜等方式也增强了其传播力。但较之其他虚拟偶像，MANTA 在媒体传播类型上主要集中在社交、视频平台，其影响力仍集中于二次元圈层，未来需进一步探索大众化传播路径“破圈”。

产品力

2024 年，MANTA 的产品力主要体现在音乐创作上，推出了多张 EP 和单曲，每一部作品都展现了极高的制作水准和创意。值得一提的是专辑《映》中的特别单曲《潮汐》，该单曲于 2024 年 6 月 29 日正式上线，迅速获得了广泛好评。MANTA 以其独特的音乐风格、深刻的情感表达以及团队成员间的精准互动，进一步巩固了虚拟团队在音乐领域的独特地位。

社会力

MANTA 不仅通过音乐和社交媒体与粉丝保持紧密互动，还积极投身文化传承与社会公益事业，展现了虚拟偶像的社会影响力。他们携手上海工艺美术设计服务平台官博、老香斋和杏家香囊，共同推出了海派非遗线下联动活动及系列周边，为粉丝和公众带来了创新的文化体验。

总体评价

“声音 + 视觉 + 商业”三重赋能，建立差异化竞争力

虚拟男团 MANTA 由猫耳娱乐于 2021 年推出，凭借独特的声控定位与多维度运营策略，已成为国内二次元虚拟偶像领域的标杆性 IP。首先，垂直领域深耕与内容创新：以音频综艺、音乐单曲为核心输出形式，结合乐队元素与人格化运营，精准触达声控爱好者群体，形成高黏性粉丝生态。其次，通过公益项目、商业跨界联合，实现破圈，推动线上线下流量转化。最后，通过持续推出周边商品，强化用户情感联结与消费闭环，探索粉丝经济变现能力，在二次元细分市场中提升了差异化竞争力。

2. 虚拟主播

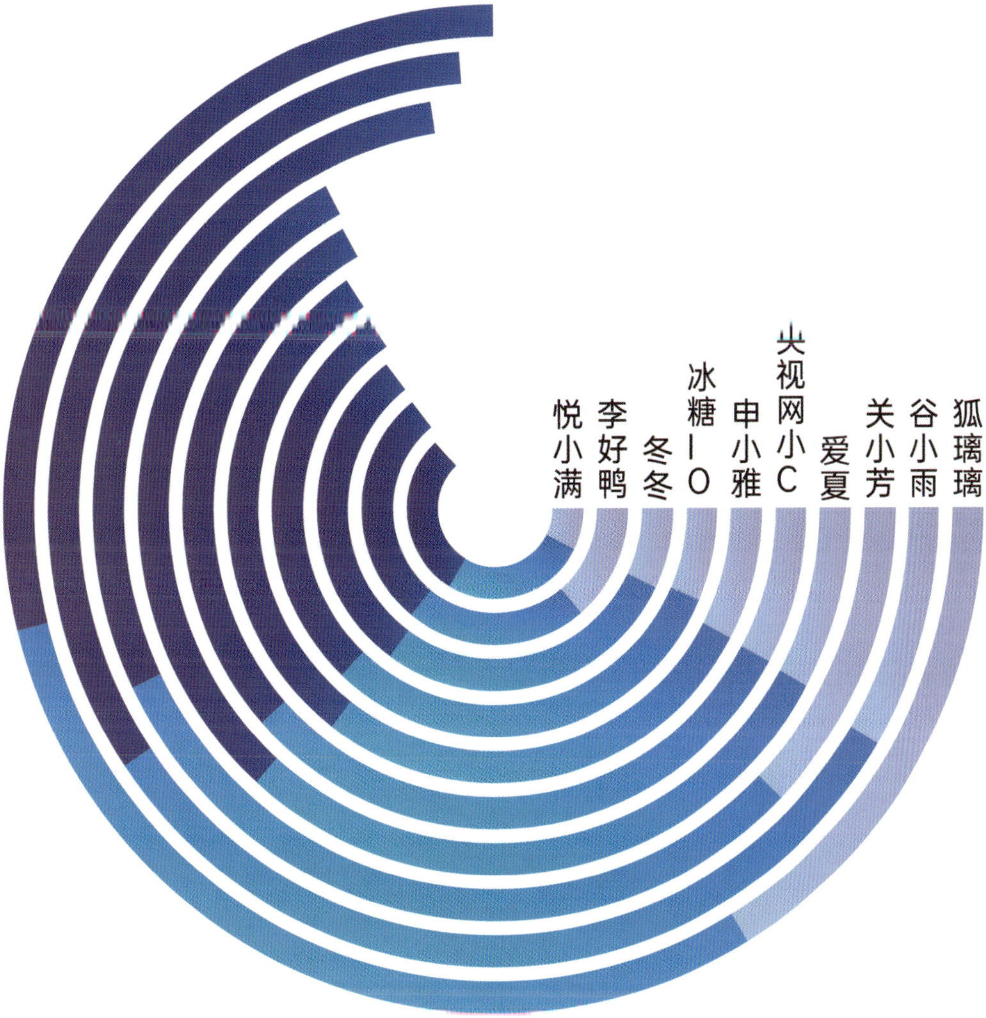

图 2-7　虚拟主播年度影响力前十指标展示

说明：

本次上榜虚拟主播来自媒体机构（30%）、平台运营（30%）、专业机构（30%）、b 站 UP 主（10%）。可以看到，依托媒体机构、平台运营、专业机构三种平台的虚拟主播的综合影响力基本持平，他们的共性是拥有天然的传播渠道优势、资金优势以及更专业的传播技能，较之 UP 主在内容稳定性、安全性上更有保障；虚拟 UP 主则通常拥有鲜明的特长，受众群体更窄，且有舆情风险。

（1）年度洞察

行业发展

2024 年，虚拟主播行业进入“监管与鼓励并行”的深度调整期。一方面，平台端《视频号橱窗达人“发布低质量内容”实施细则》等措施明确限制 AI 生成虚拟形象的“非真实直播”，要求平台强化真人互动属性，遏制低质模板化内容；另一方面，国家发改委《关于打造消费新场景培育消费新增长点的措施》等文件鼓励探索数字人技术在电商直播领域的应用，北京、浙江等地相继推出鼓励虚拟主播在直播电商领域应用的措施，推动技术与实体经济融合。政策措施的双向发力，倒逼行业从“粗放扩张”转向“提质增效”。

主要应用分析

虚拟主播在广电领域从“试水”转向“标配”。杭州文化广播电视集团的 6 位数字人主播实现《杭州新闻联播》常态化代班，零失误率印证了 AI 在标准化内容生产中的优势；中阿卫视数据显示，数字人播报单条新闻耗时从 20 分钟压缩至 3 分钟，人力成本降低 60%。电商领域仍然是虚拟主播商业化主阵地。数字人主播可以实现全年无休、长时间不间断的直播，大幅降低了直播成本，简化了运营流程。在游戏直播领域，虚拟主播也展现出巨大的潜力。它们可以为游戏玩家提供个性化的直播体验，增强游戏的互动性和沉浸感。随着游戏产业的不断发展，虚拟主播在游戏直播领域的应用前景将更加广阔。

机遇与挑战

2024 年，虚拟主播行业在政策规制与市场需求的张力中加速成熟。从新闻直播间到电商深夜场，从游戏互动到跨境贸易，虚拟主播正以技术迭代重塑行业生态。值得注意的是，抖音、淘宝要求虚拟直播前置备案并显著标识，视频号则直接限制数字人带货推荐，反映了平台对“真实感”与“技术创新”的不同取舍。如何坚守“人机协作”的核心原则，平衡效率与温度、创新与合规，是虚拟主播真正从“风口”走向“可持续的未来”需要关注的问题。

（2）典型案例

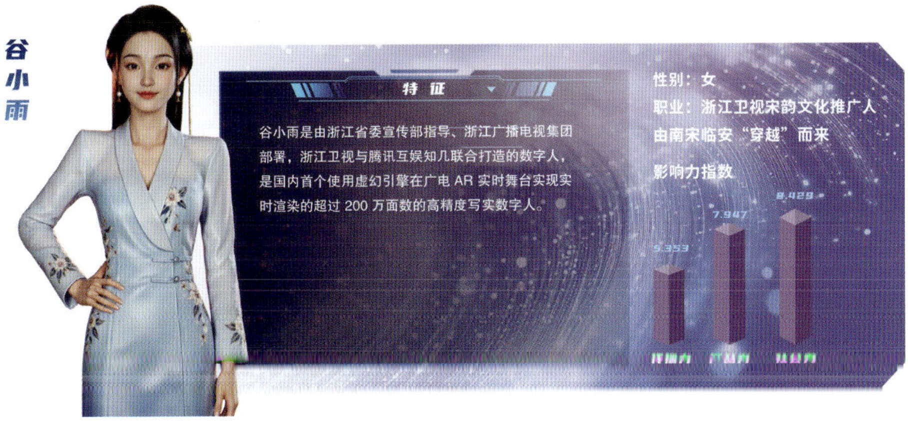

传播力

谷小雨作为国内首个宋韵文化数字推广人，在媒体传播层面展现出很强的覆盖广度与深度，通过“主流媒体 + 新媒体 + 国际平台”的三维传播矩阵，实现了从本土文化符号到全球文化使者的跃升。在国内，通过《小雨看中国》《谷小雨奇遇记——非遗篇》展映等系列节目，强化文化传播的年轻化表达；在国际传播中，谷小雨担任 2024 年巴黎奥运会的 AI 主播，推出了奥运短片《冲》，在 TikTok、YouTube 账号“东方小雨看世界”上推广非遗江南、宋韵文化等，内容覆盖全球受众。

产品力

谷小雨的技术实现与 AI 能力在国内数字人领域处于领先位置：超百万面的高精度建模，结合宋韵服饰的精细设计，打造了“形神兼备”的视觉效果；2025 年初接入 DeepSeek 大模型后，其诗词对答、文化典故解读能力显著提升，树立了广电级数字人的技术标杆。此外，谷小雨推出了多款文化衍生产品，如盲盒手办、品牌联名款等，进一步拓展了应用场景。

社会力

谷小雨的社会价值体现在文化传承、教育创新与国际形象构建等方面。作为宋韵文化推广人，其对传统文化的年轻化表达，吸引了 Z 世代参与文化传承；通过与新东方等合作推出中文教育内容（面向 3—15 岁海外华裔青少年），成为中文国际教育的数字化桥梁，推动“文化自信”的全球化表达。

总体评价

从本土文化符号到国际文化 IP 的价值升级

2024 年，谷小雨通过活化非遗、赋能教育、参与国际传播等，验证了数字人在文化传承与公共事务中的不可替代性；通过高精度建模与 AI 深度学习的结合，为数字人提供了从工具型向智能体进化的样本，展现了文化与科技融合的无限可能。随着 DeepSeek 等大模型的持续接入，谷小雨有望在情感交互、多语言服务等领域进一步突破，持续探索从本土文化符号到国际文化 IP 的价值升级。

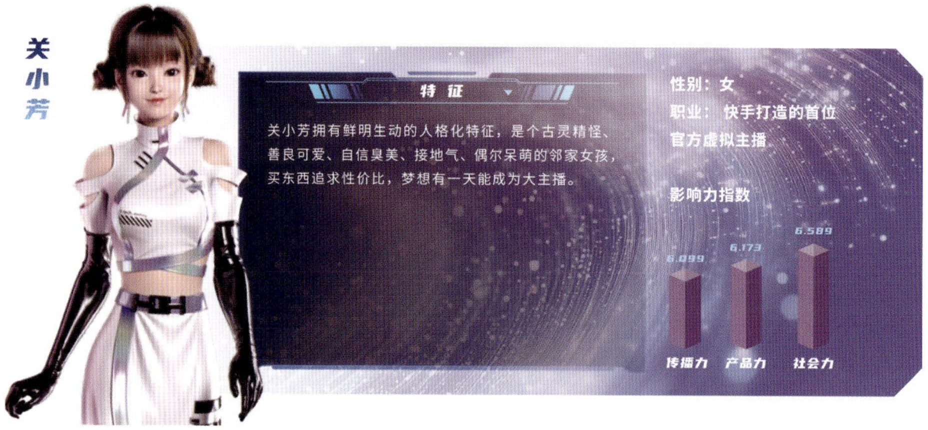

传播力

2024 年，关小芳凭借 200 万粉丝沉淀，在虚拟主播传播力排名中稳居第三。作为快手首个官方电商虚拟主播，关小芳自首秀以来就在媒体传播层面展现了很强的破圈能力。2024 年，关小芳担任快手次元 IP 盛典主持人，在关小芳的加持下，盛典实现了“现象级”刷屏，共吸引 4000 万人次涌入直播间，收获 5 条热榜，短视频累计播放量达近 10 亿；作为主持人，关小芳创新性地主持和解读了快手 2024 年第一季度和第三季度财报；智能体关小芳也亮相了上海世界人工智能大会，受到了各方媒体和观众的关注。

产品力

关小芳以全自研技术体系与场景创新力为核心优势，基于快手快意大模型的多模态 AI 捕捉与实时渲染技术，实现了近乎真人的表情与动作交互，IP 设计及技术链条均由平台独立完成。2024 年，快手全新升级了 AI 关小芳，使其拥有多元互动功能，能够处理和理解多种类型的信息，在工程架构方面，实现了端云结合的技术架构设计，可支持用户双工和 AI 智能体多模态半双工交互，产品力突出。

社会力

关小芳通过技术赋能主流文化传播（奥运主持、电商打假）及公益实践（儿童防拐宣传），推动虚拟主播在公共服务领域的应用，其虚实融合的互动模式为行业拓展社会服务场景提供了新路径。

总体评价

技术驱动虚实共生　探索虚拟主播商业新范式

2024 年，关小芳以多模态数字人技术深度落地为核心，在虚拟主播领域树立了技术与场景融合的标杆。作为快手技术集成的代表，其依托大模型支持，在快手巴黎奥运会特别节目《冠军来了》中完成了虚实交互主持，成为首个登陆国际级体育赛事直播的虚拟主播。节目中，她以近乎真人的表情、细腻的肢体语言和流畅的逻辑表达，为观众营造沉浸式互动体验，展现了平台低延时动捕与深度学习技术的成熟度。这一突破不仅推动数字人进入主流媒体场景，更为主流文化传播的数字化升级提供了实践范本。

3. 数字员工

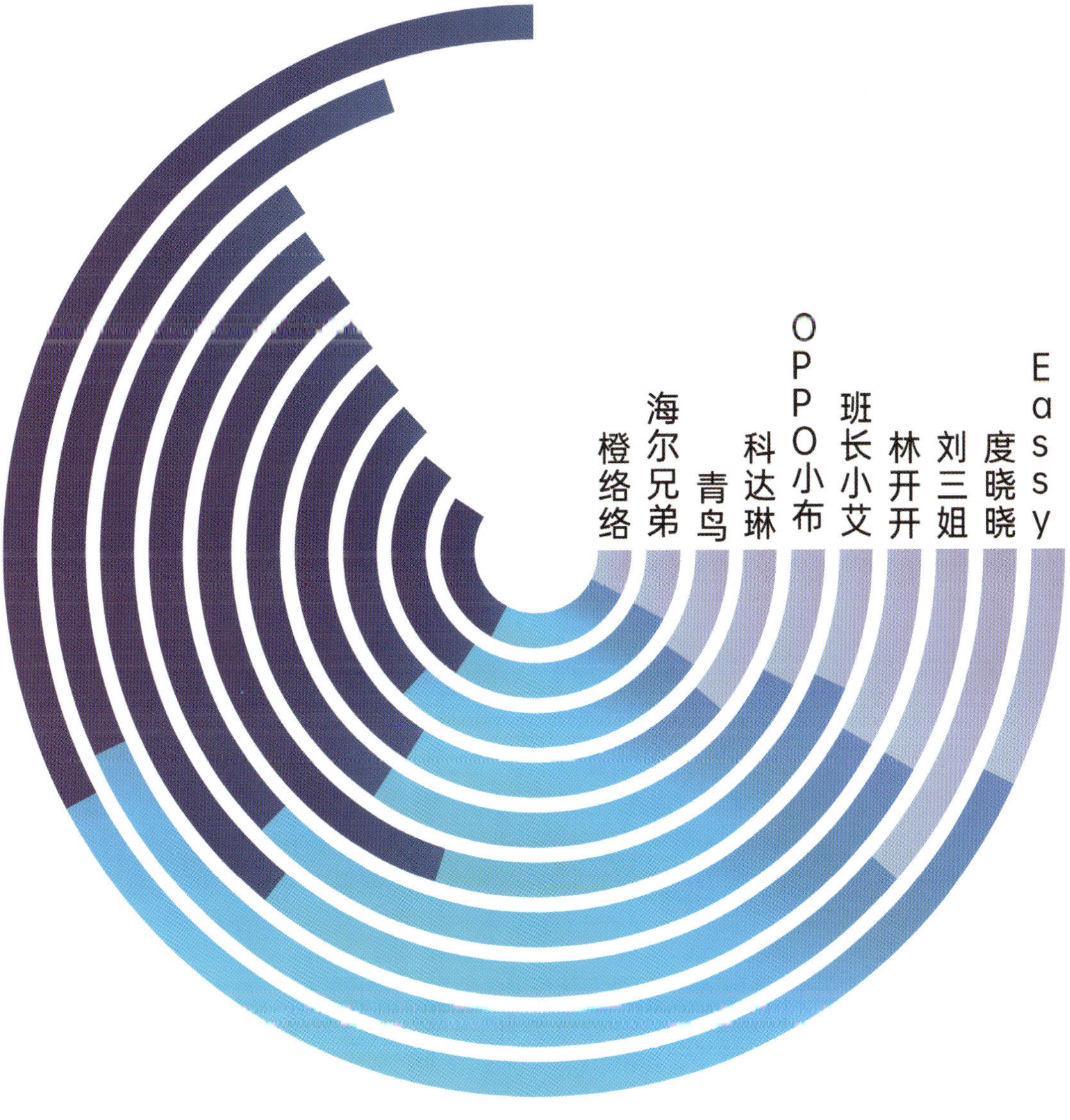

图 2-8　数字员工年度影响力前十指标展示

说明：

获奖数字员工中，互联网科技公司的数字人 IP 占 40%，运营商及手机品牌占 20%，文旅集团数字人 IP 占 20%，另有医药和传统制造业公司数字人入榜。“降本增效”是数字员工诞生的初衷，从 2024 年的整体运营情况来看，数字员工的产品力与社会力普遍较高；互联网科技的数字人 IP 的传播力明显高于其他类型数字人，可能与其母公司的生态资源优势密不可分。

（1）年度洞察

行业发展

2024 年，数字员工行业在技术驱动下实现智能化跃升，以 DeepSeek 为代表的通用大模型与垂直领域模型深度融合，赋予数字员工更接近人类的认知推理与多模态交互能力。通过强化学习与持续优化，数字员工已突破早期规则化脚本的限制，在语义理解、情境感知及动态决策方面表现显著提升。产业应用从单一场景（如客服、导览）向复杂场景（如金融分析、产品设计）延伸，形成了“数字员工 +”的生态化服务体系。头部企业通过构建 AI Agent 协作网络，推动数字员工从“工具”向“伙伴”角色转型。

主要应用分析

政务领域成为数字员工落地的“试验田”。深圳福田区首批 70 名政务数字员工覆盖 240 个场景，实现了民生诉求分拨准确率从 70% 提升至 95%、执法文书生成时间压缩至 10 秒内，形成了“需求—训练—迭代”闭环。文旅行业则依托数字员工的多模态交互能力，推出 AI 导览等应用，不仅能实时解答游客咨询，还可根据游客偏好生成个性化路线。两个领域的实践均显示，使用数字员工的核心诉求已从“降本”转向“增效 + 体验升级”，尤其是在标准化、高频次的公共服务场景中，数字人展现出强适配性。

机遇与挑战

技术红利释放带来了双重效应：大模型多模态能力的突破使数字员工可渗透至医疗问诊、工业质检等专业领域，AIGC 技术则可大幅降低数字人的制作成本。但是，核心矛盾聚焦于可信度建设，行业面临着三重复合挑战：技术层面需建立实时纠偏与可解释性框架，伦理层面亟待明确数字员工的法律主体地位，市场层面需解决用户对“无真人兜底”服务的接受度问题。

（2）典型案例

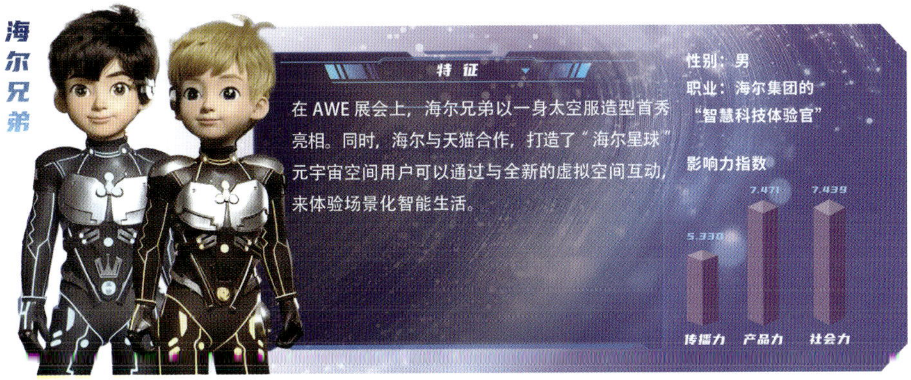

传播力

作为陪伴两代人的国民 IP，海尔兄弟在 2024 年持续展现出强大的传播势能。通过在抖音、微博等平台的高频曝光，其虚拟形象以“智慧科技体验官”身份活跃于短视频、直播带货及品牌活动中，整体传播力位列榜单第七名。

产品力

海尔兄弟的生产力革新以“虚实融合”为核心，依托世优科技的实时动画与 AI 驱动技术，实现品牌 IP 的高效运营。海尔兄弟全年累计完成 300 余场品牌直播，带货 GMV 突破 2.8 亿元。2024 年推出的元宇宙互动剧《海尔兄弟·量子力学篇》，结合 VR 设备实现了 100 余种剧情分支选择，单集播放量破亿，开创了科普内容的沉浸式体验模式。

社会力

2024 年，海尔兄弟联合中国科学院物理所推出“黑洞能源”主题盲盒，抖音科普系列短剧播放量超 15 亿次，帮助青少年以趣味方式理解前沿科技。在公益领域，海尔兄弟将元宇宙演唱会的收益全额用于捐建 10 所“未来科学小学”，其虚拟形象又化身“碳中和大使”，推广绿色家电使用，覆盖家庭用户超 500 万。作为中国首个登陆纽约时代广场的数字人 IP，海尔兄弟北美版 Haier Heroes 融合漫威画风，非洲版植入太阳能科技元素，推动中国文化符号的全球化表达，其与英言团队合作的 AI 共创剧场，可使用户生成个性化剧情，实现经典 IP 的年轻化再诠释。

总体评价

从情怀到应用生态的构建

2024 年是海尔兄弟品牌 IP 的“破圈元年”，通过技术创新与内容深耕，成功实现从动画片角色到“全球美好生活体验官”的转型。在传播端，以“科技 + 娱乐”双轮驱动，将经典 IP 转化为 Z 世代社交货币；在生产力层面，构建“数字人 + 智能家居 + 元宇宙”的生态闭环，赋能产品销售与用户体验；在社会价值维度，通过科普教育与公益行动，践行“科技向善”理念。随着 AI 技术的深度应用，以海尔兄弟为代表的数字员工可持续探索如何成为串联智慧生活与企业文化的超级接口。

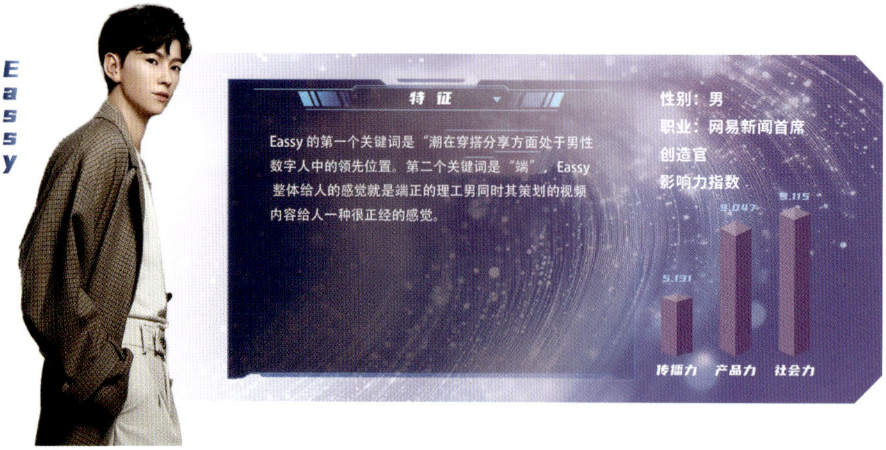

传播力

2024 年，Eassy 在用户品牌黏性上名列前茅。依托网易传媒内容生态，Eassy 通过自身敏锐的新闻热点捕捉能力，围绕科技圈头部品牌及热点事件进行持续内容输出，如通过追踪马斯克星际飞船测试、英伟达芯片动态、国内电动车市场等系列报道持续扩大影响力。

产品力

一方面，Eassy 的原创发文量排名第一，以“潮”为鲜明特点，粉丝中 Z 世代占比与消费者区域评分均名列前茅，形成了兼具科技深度与时尚吸引力的内容矩阵，提升了产品力；另一方面，依托 AI 生成工具，Eassy 可自主生产图文、视频内容，同时策划了与马斯克、刘建宏等名人数字分身对话的项目，探索了数字人应如何从工具型向智能体进化。

社会力

2024 年，Eassy 参与环保话题的总次数位列第一，社会服务属性评分跻身前五。通过参与“AI 游京城”“AI 游巴黎”等科技公益联动与低碳议题传播，Eassy 更以“科技博主”身份承担了知识普及与文化输出的社会责任，综合社会力指数排名第二。

总体评价

“劳模 + 偶像”链接产业与用户

Eassy 是首个以科技垂类内容为核心竞争力的超写实数字人，将数字员工“偶像化”运营。凭借“科技 + 时尚”的人设定位以及网易传媒用 AI 赋能的新闻播报能力，通过“劳模”式的高频跨界联动与内容输出，Eassy 成为连接科技前沿与大众认知的桥梁。此外，Eassy 通过参与北京旅游局、卡塔尔旅游局等文旅项目，构建了“联动—破圈—再深耕”的传播链路，进一步拓展了其公众价值。

（四）指数发展洞察

1. 游戏 IP 崛起

2024 年，基于恋爱、陪伴的游戏角色作为数字人 IP 领域的新生力量，正以前所未有的速度崛起。随着游戏技术的不断进步和玩家对沉浸式体验需求的日益增长，游戏内角色逐渐跨越次元壁，成为现实世界中的明星。这些由游戏 IP 衍生的虚拟偶像，不仅在游戏内部拥有庞大的粉丝基础，更通过社交媒体、直播、线下活动等多种渠道，实现了游戏世界与现实世界的无缝连接。

以叠纸公司推出的“恋与”系列为例，从李泽言到沈星回、黎深、祁煜、秦彻、夏以昼，得益于数字人 IP 背后极具吸引力的故事设定，以及角色鲜明的个性、完整的世界观、高标准的制作与交互设计，开始迅速吸引并留住粉丝。游戏 IP 交互常态化、衍生品及线下活动常态化，也进一步增强了粉丝的黏性和忠诚度。

目前，游戏 IP 数字人也开始涉足影视、音乐、时尚等多个领域，实现了跨界的多元化发展。这种跨界合作不仅拓宽了数字人的影响力边界，也成为数字人 IP 运营的样板。

2. 用数字 IP 解码城市文化基因

文旅文博在 2024 年仍然是数字人 IP 运营的重要阵地，承载城市文化基因的文旅数字人成为行业的年度力量，凭借其独特的交互性和沉浸感，成为文旅行业转型升级的重要抓手。

在《2025 数字人用户认知和使用情况调查问卷》中，“您愿意在以下哪些情景使用付费的数字人服务？”的问题下，数字人的智能导览占 55.87%、位列第一。在文旅项目中，数字人常被用作导游、讲解员或互动娱乐角色，为游客提供个性化的游览体验和深度的文化解读。通过 AR/VR 技术，数字人能够与游客进行沉浸式互动，带领他们穿越时空，感受不同地域、不同历史时期的独特魅力。这不仅提升了游客的参与度和满意度，也有效促进了文旅项目的品牌传播。

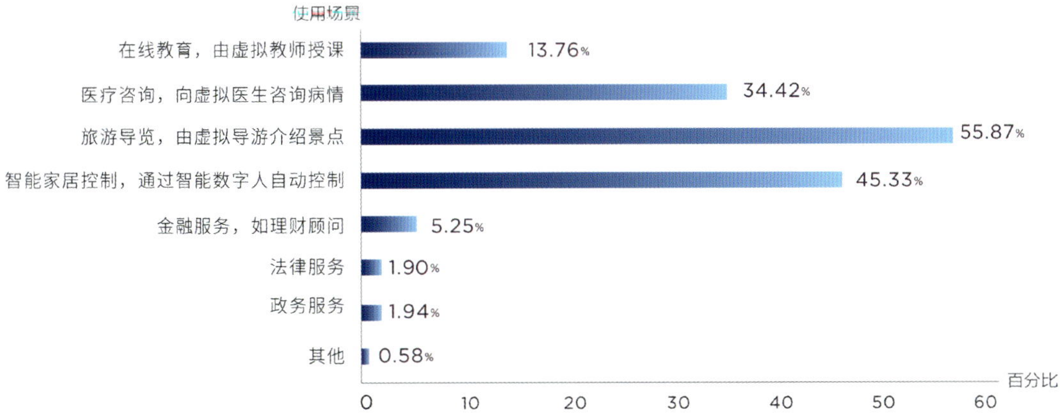

图 2-9　您愿意在以下哪些情景使用付费的数字人服务？

此外，数字人被广泛应用于文旅营销领域，特别是作为数字员工通过社交媒体、短视频等平台发起活动、进行互动，吸引更多潜在游客的关注。

3. IP 衍生经济成影响力新赛点

随着数字人 IP 粉丝群体的增长及运营的日益成熟，IP 衍生经济正逐渐成为数字人 IP 影响力的新赛点，文旅 IP、游戏 IP，甚至是部分企业的数字员工都开始拥有相应的衍生品市场。

2024 年，数字人 IP 衍生经济开始明显增长，主要体现在虚拟商品销售、品牌代言、线下活动等多个方面。虚拟商品销售方面，头部数字人 IP 的服饰、配饰、道具等虚拟商品在粉丝群体中拥有广阔的市场。这些商品不仅满足了粉丝的收藏和炫耀需求，也为数字人的运营方带来了可观的收入。品牌代言方面，数字人凭借其独特的形象和影响力，成为众多品牌青睐的合作对象。通过与品牌的深度合作，数字人 IP 能够为品牌带来更加精准、高效的曝光和传播效果。线下活动方面，数字人参与的线下活动如见面会、展览等，不仅能够吸引大量粉丝参与，还能通过门票销售、周边商品销售等方式实现盈利。

4. 男性角色数字人 IP 仍供给不足

数字人 IP 中男性角色的供给不足，与市场期待形成了鲜明的对比。《2025 数字人用户认知和使用情况调查问卷》显示，用户对男团组合的偏好显著高于其他选项，且随年龄增长激增。用户在性别标签的选择上，男团组合这类数字人占比达 62.16%，位居榜首，在 36—45 岁群体中更高达 86.62%。但《报告》共 360 个数字人样本中，女性角色数字人占比超 80%，男性角色仅有 66 位。影响力势能巨大的游戏 IP 中绝大部分是男性角色，进入《报告》人气榜的游戏 IP 均为男性角色，虚拟偶像、虚拟主播、数字员工三类 TOP10 中男性数字人共 4 位，占比不足 15%。

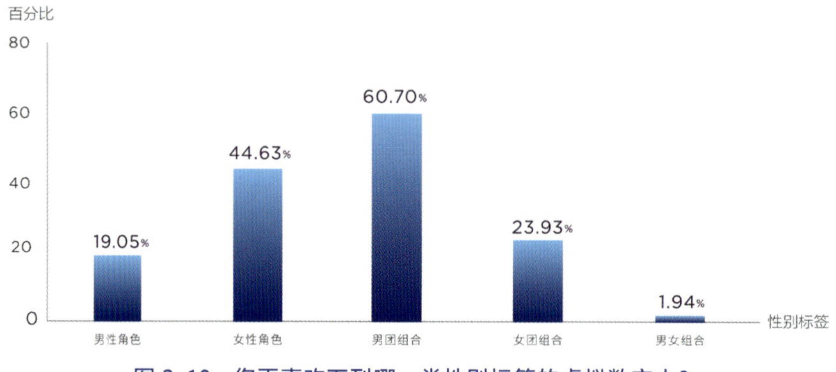

图 2-10　您更喜欢下列哪一类性别标签的虚拟数字人？

（五）年度数字人影响力调研展示

主要投票平台为微博、微信，截至 3 月 20 日，共投票 303371 票，其中虚拟偶像合计 81781 票、游戏 IP 合计 90121 票、虚拟主播合计 64530 票、数字员工合计 66939 票。

图 2-11　年度数字人影响力指数人气榜及各分类前三名

《2025 数字人用户认知和使用情况调查问卷》

有效样本量：2420 份　　共 27 题

样本主要分布：北京、上海、广东、安徽

1. 您的年龄 [单选题]

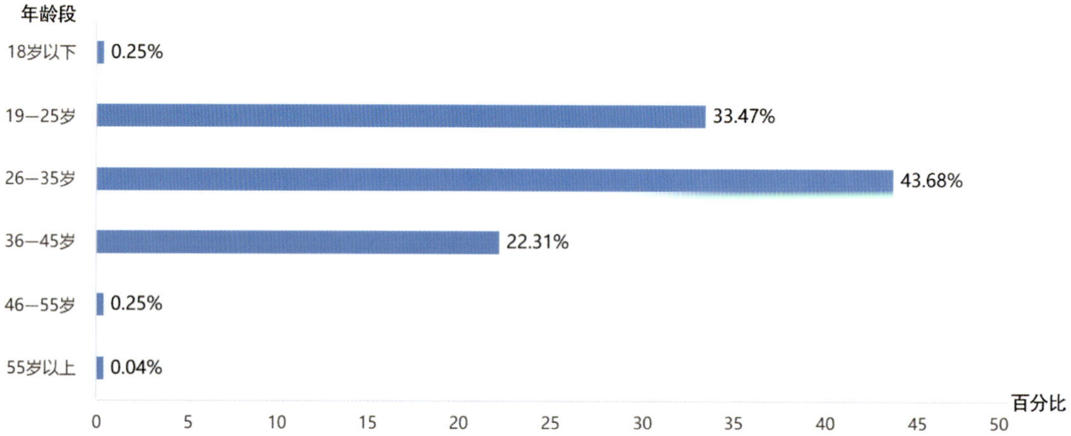

2. 您的性别 [单选题]

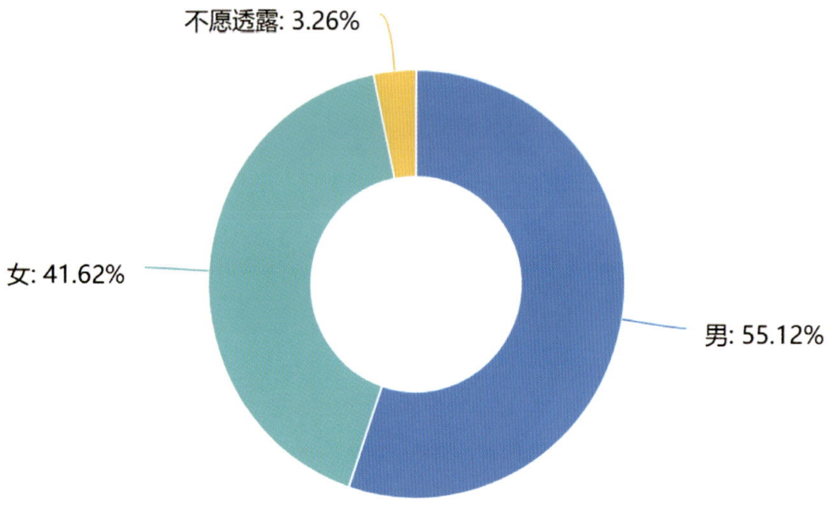

3. 您的学历 [单选题]

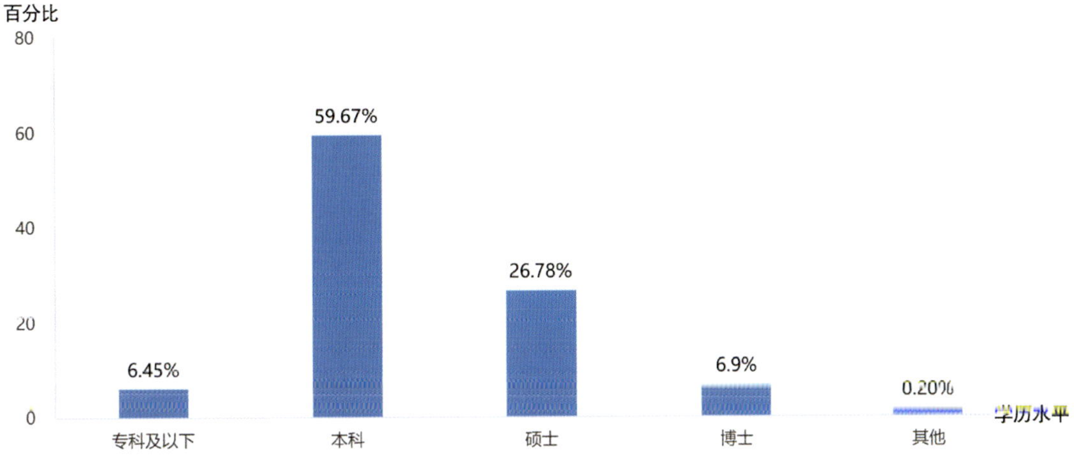

4. 您目前从事的职业 [单选题]

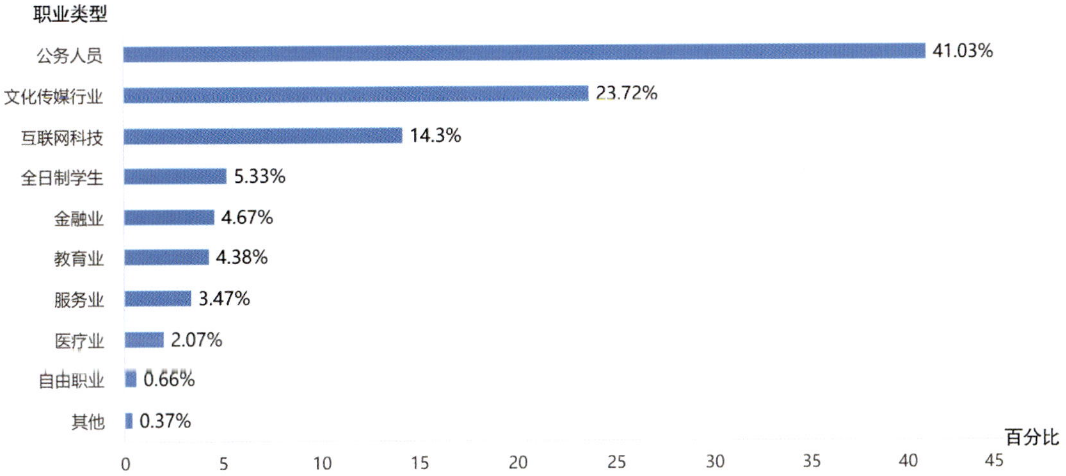

5. 您是通过哪些渠道关注、接触虚拟数字人的？［多选题］

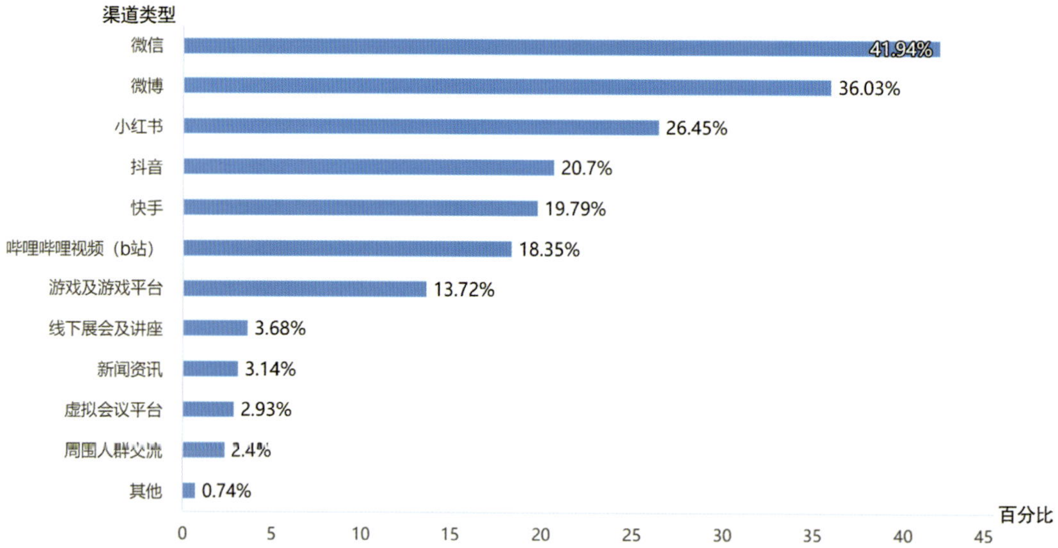

6. 您每天接触虚拟数字人及与其互动的时间？［单选题］

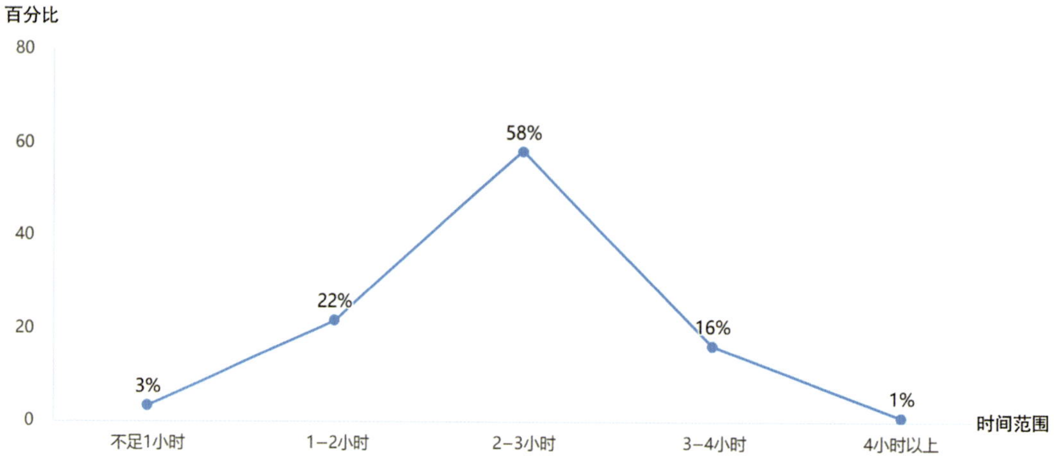

7. 您认为近一年来数字人的普及程度如何？［单选题］

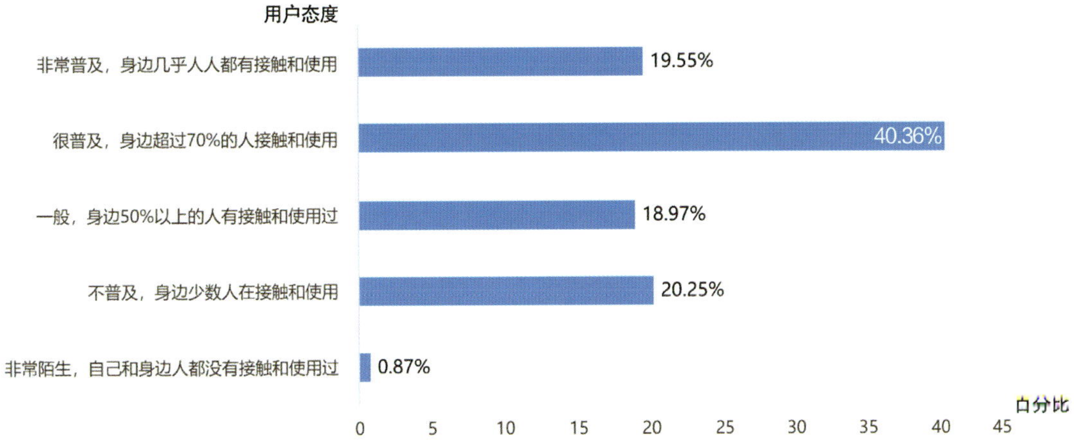

8. 您更喜欢下列哪一类美术风格的虚拟数字人？［单选题］

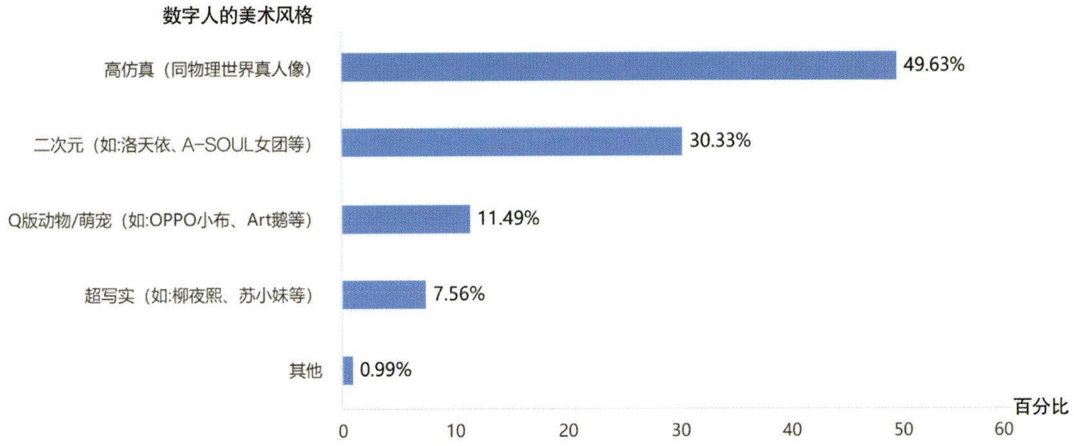

9. 您更喜欢下列哪一类性别标签的虚拟数字人？（多选 :1—3 项）［多选题］

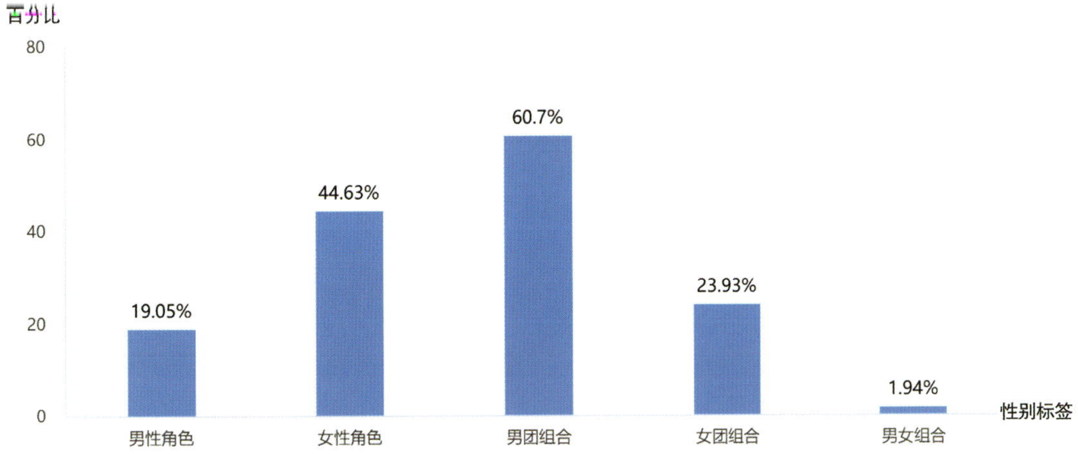

10. 您最看重数字人 IP 的哪些方面？［多选题］

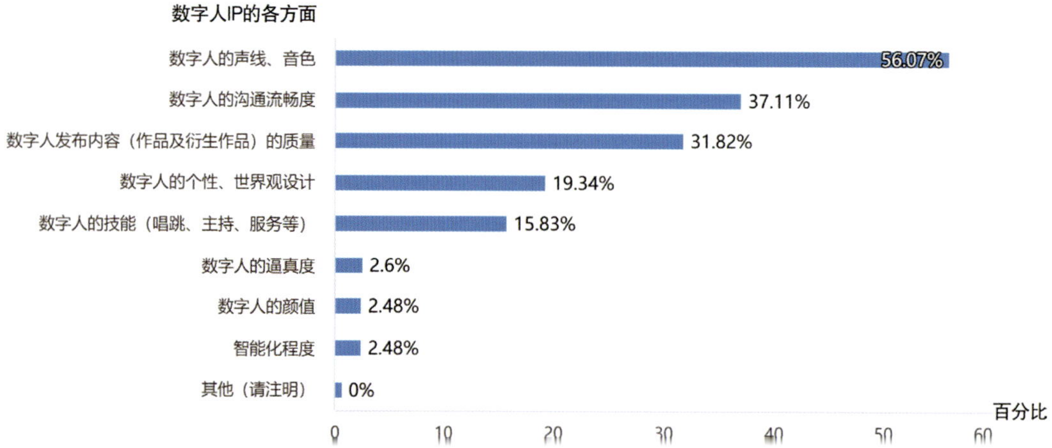

11. 您认为接下来数字人在哪个领域商业化潜力大？［多选题］

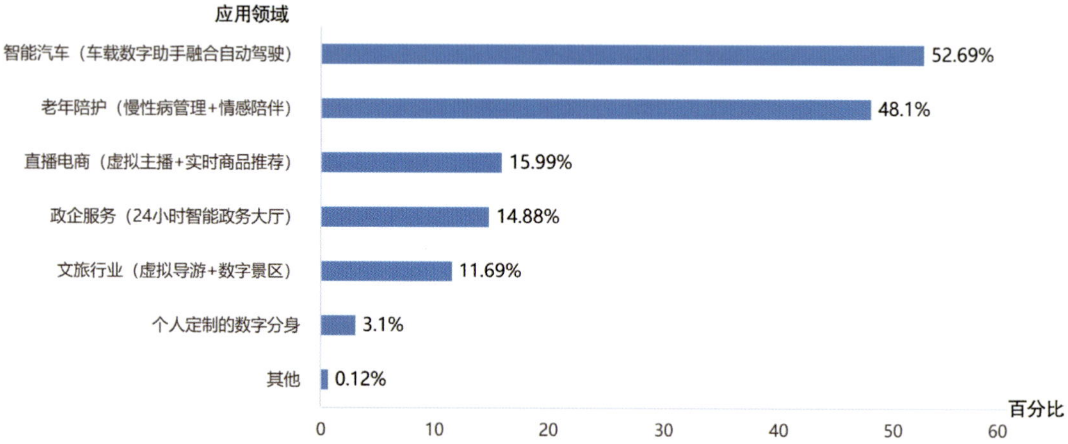

12. 当前，数字人接入大模型已成趋势，你最期待哪方面的改变？［单选题］

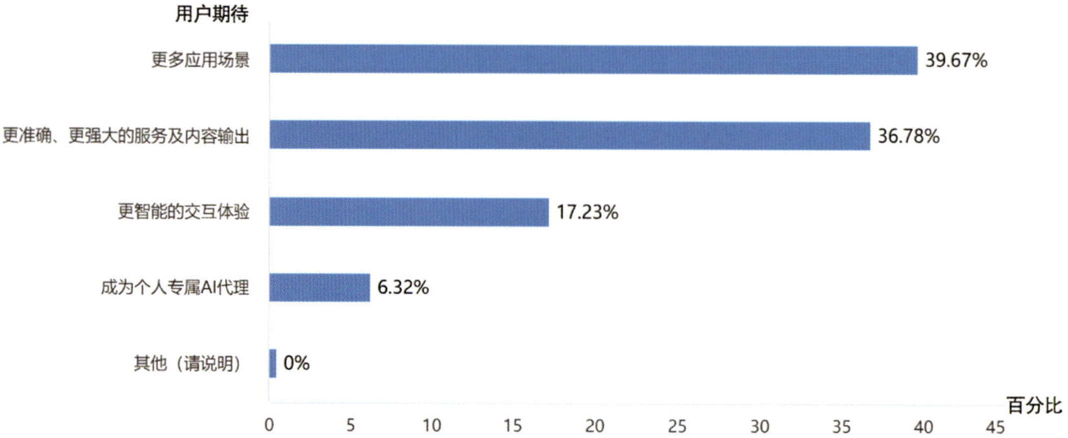

13. 您使用过哪些智能数字人服务？［多选题］

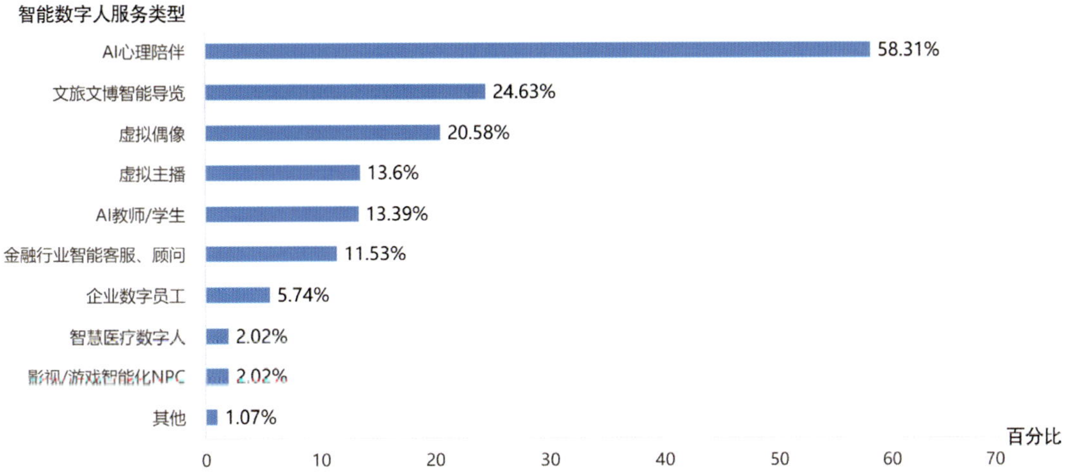

14. 您觉得目前数字人智能化体验存在哪些不足？［多选题］

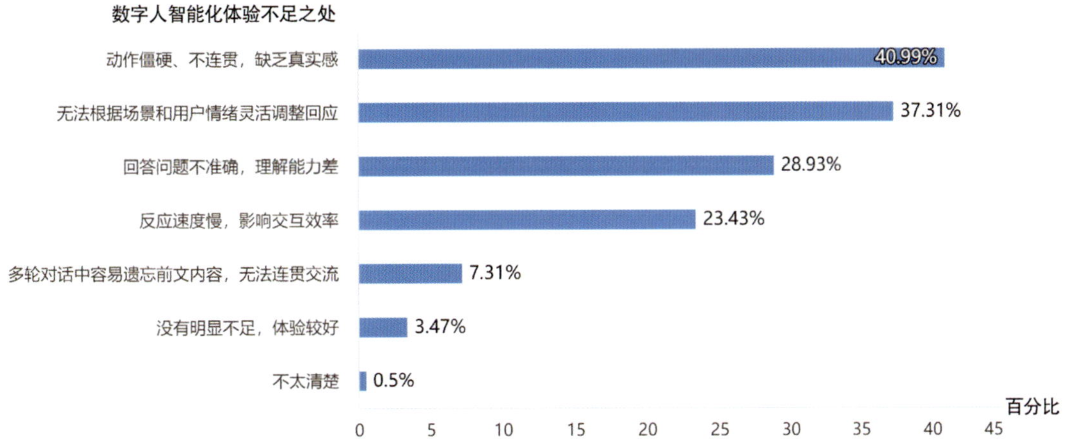

15. 您是否信任数字人提供的专业领域建议（如医疗、金融）？［单选题］

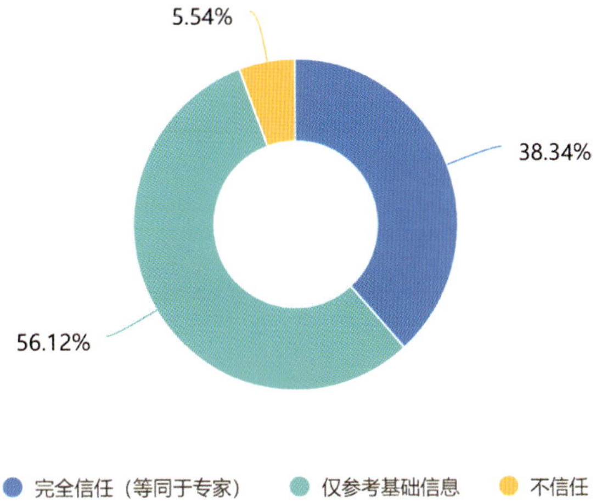

16. 对于大模型在数字人中的应用，您有什么担忧吗？［多选题］

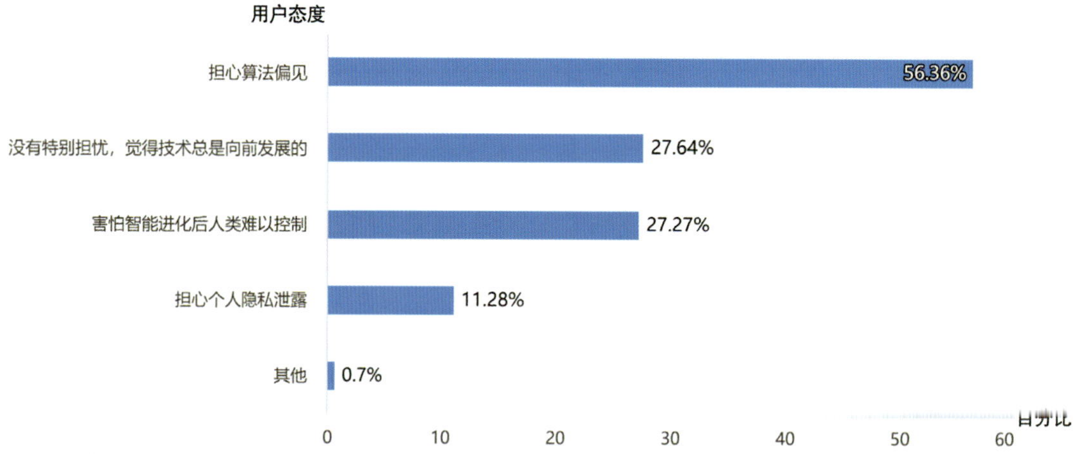

17. 您希望数字人具备哪种交互方式？［单选题］

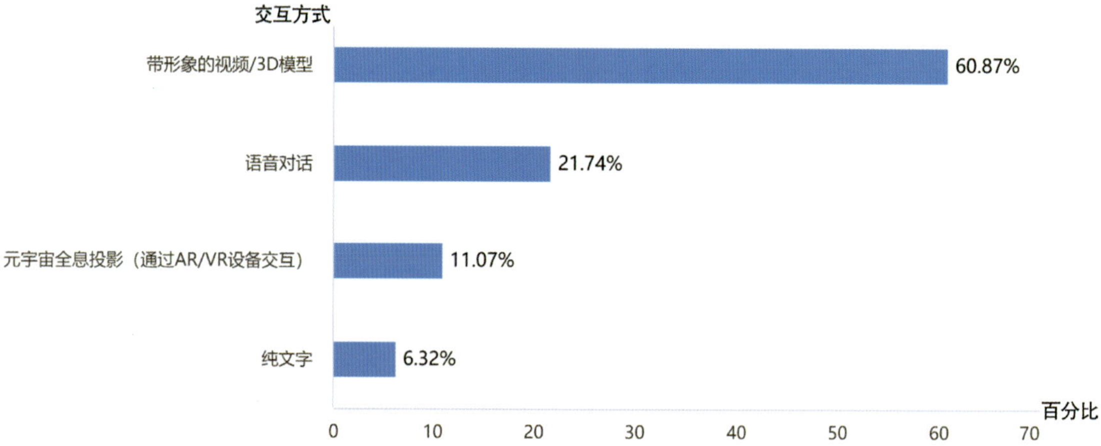

18. 您是否支持政府对数字人实施严格身份认证（如水印标注、服务范围限制）？［单选题］

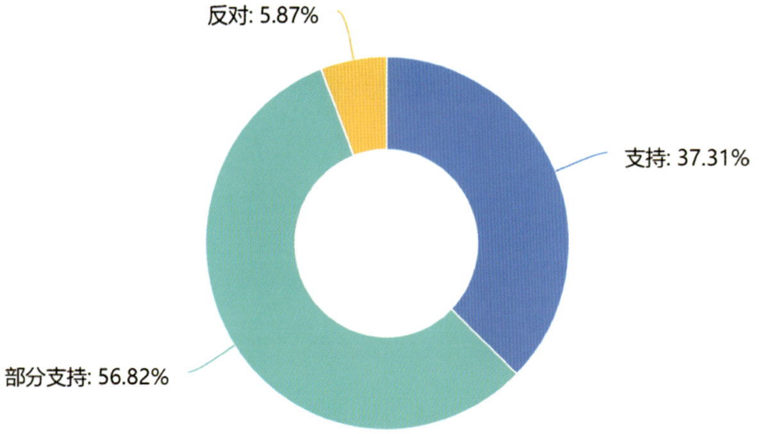

19. 您是否愿意或者已经为虚拟数字人消费过？（如购买周边、打赏、付费观看直播等）［单选题］

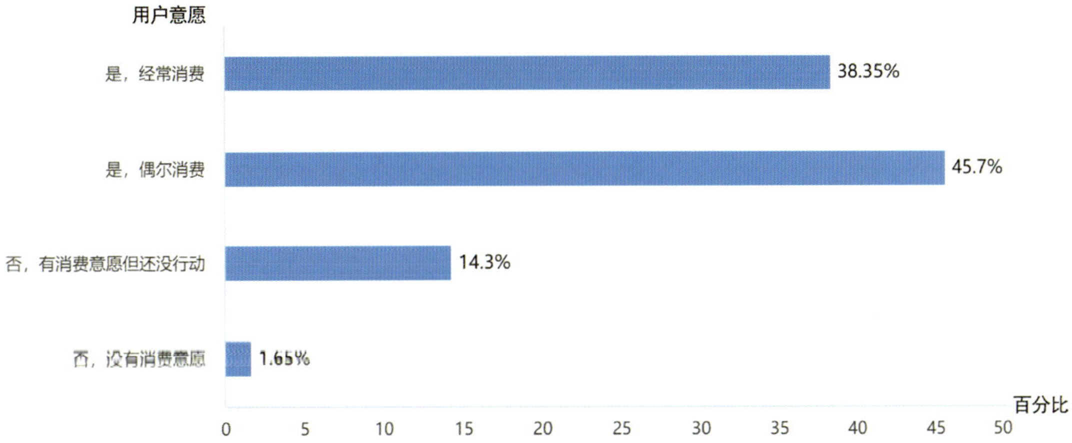

20. 若您有意愿或者已消费，每年在虚拟数字人上的花费大概是多少？［单选题］

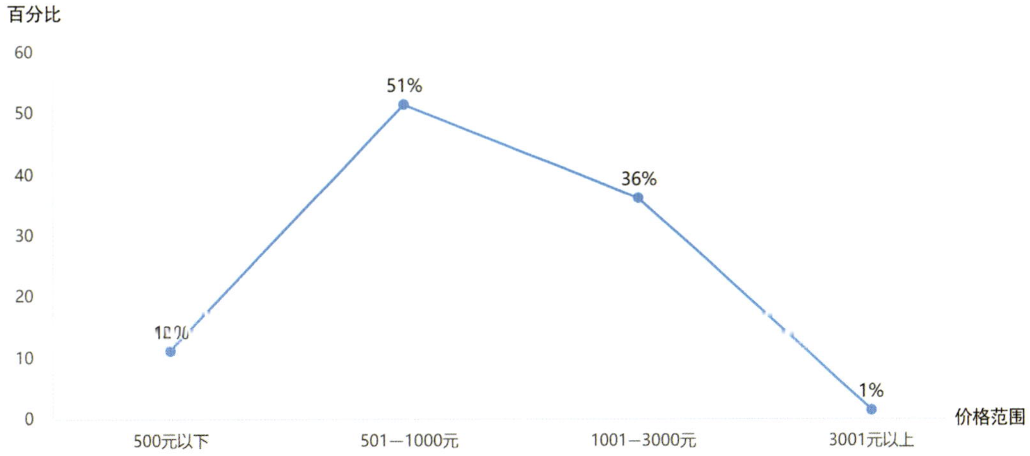

21. 您愿意在以下哪些场景使用付费的数字人服务？［多选题］

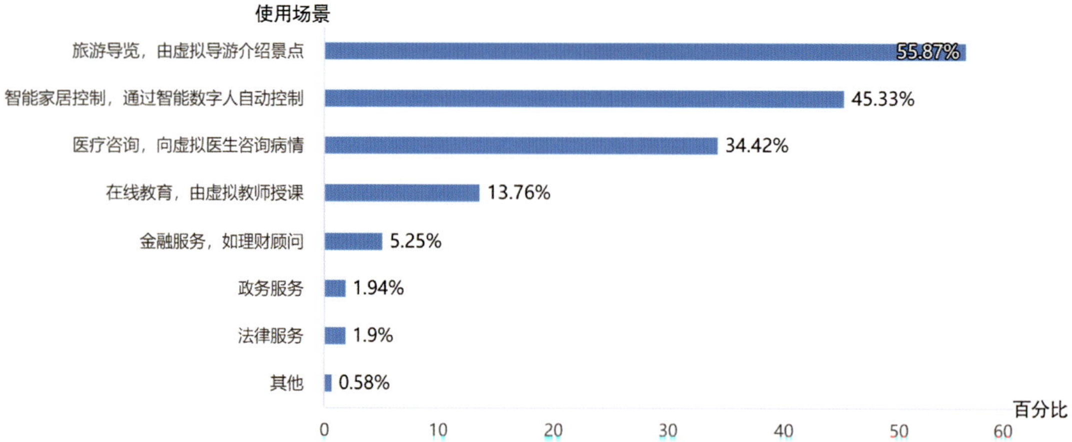

22. 哪些因素会促使您为数字人付费？［多选题］

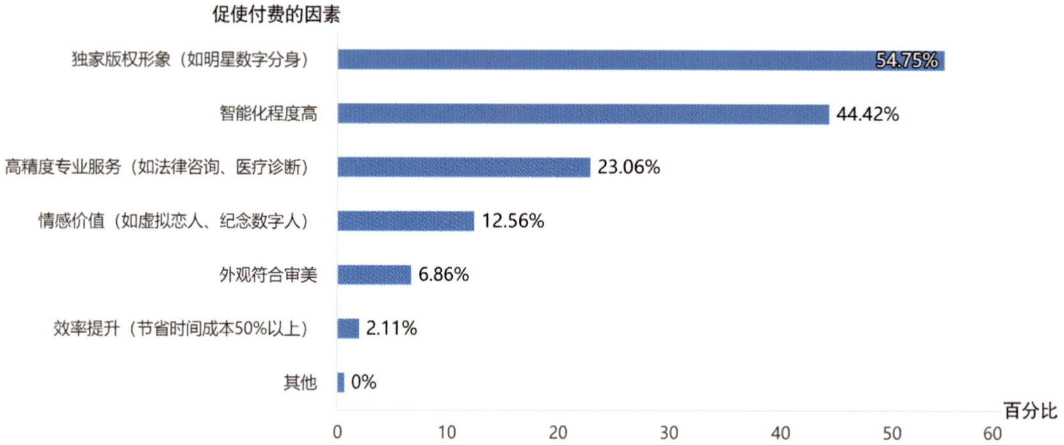

23. 您希望拥有自己专属的数字分身吗？［单选题］

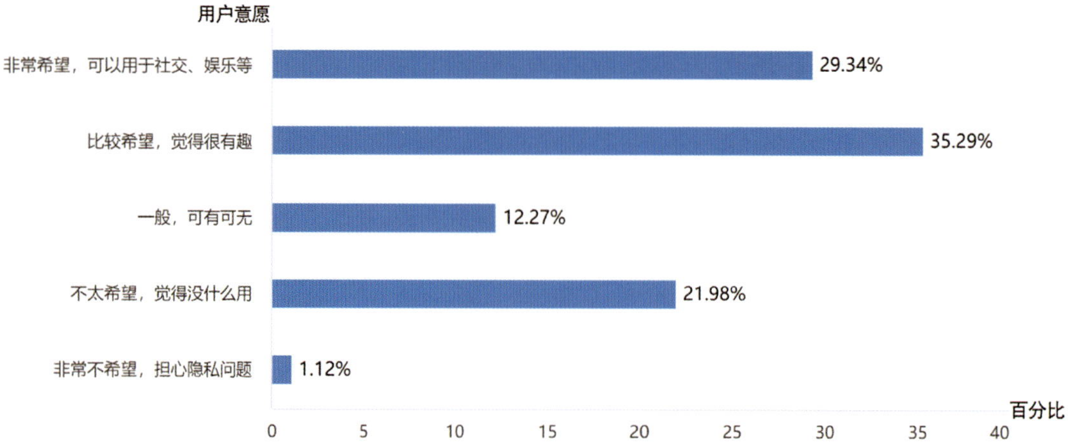

24. 若拥有专属数字人，您希望它具备哪些功能？［多选题］

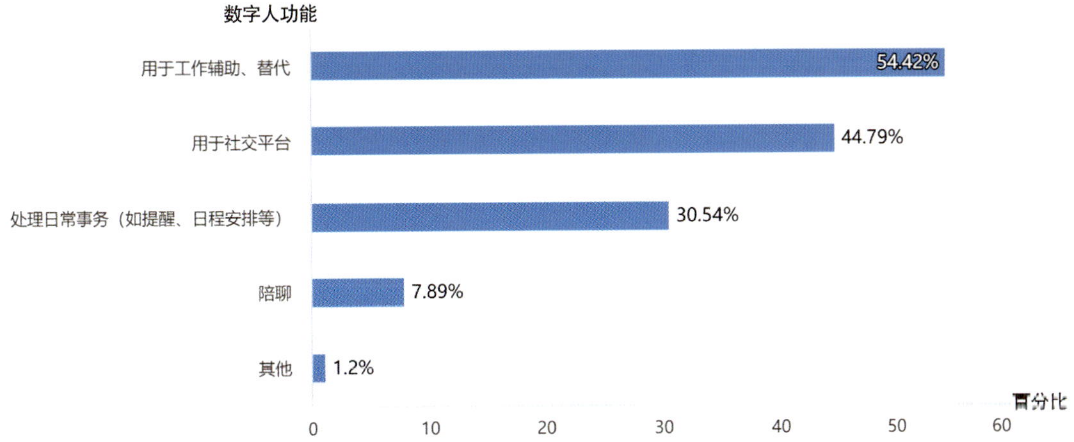

25. 您是否愿意将自己的数据（声纹、面部特征、个人工作数据等）授权给数字人使用？［单选题］

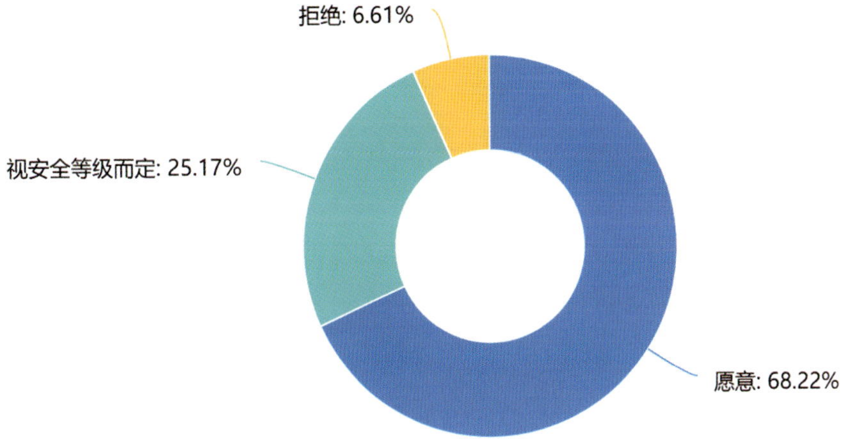

26. 您认为数字人会对就业市场产生怎样的影响？［单选题］

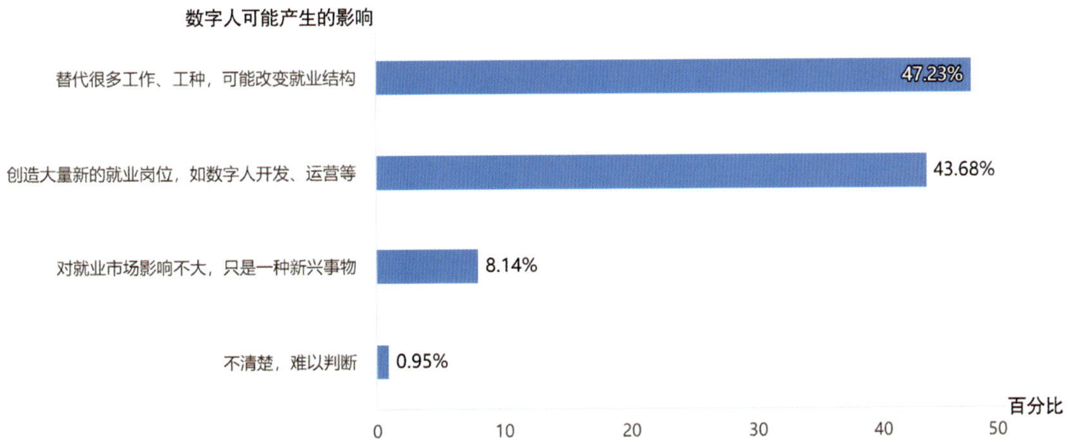

27. 您认为“数字人将像智能手机一样普及”会在多久实现？［单选题］

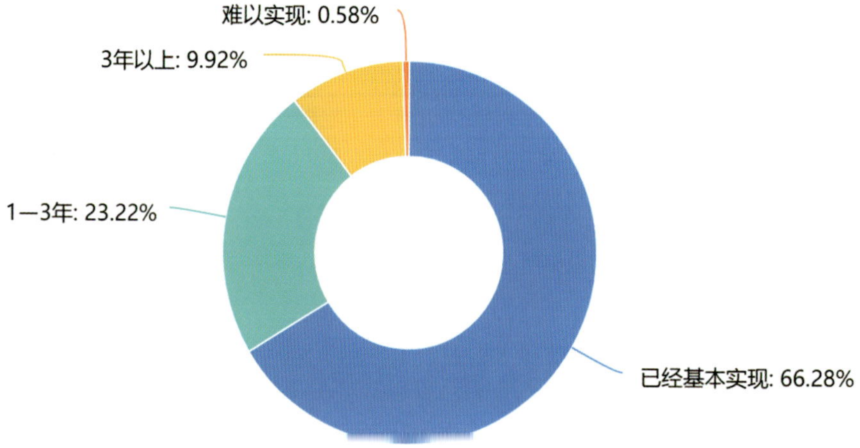

《2025 数字人 IP 主理人问卷》

有效样本量：36 份　　共 21 题

样本主要分布：北京、上海、深圳、南京、杭州

1. 您的性别　[单选题]

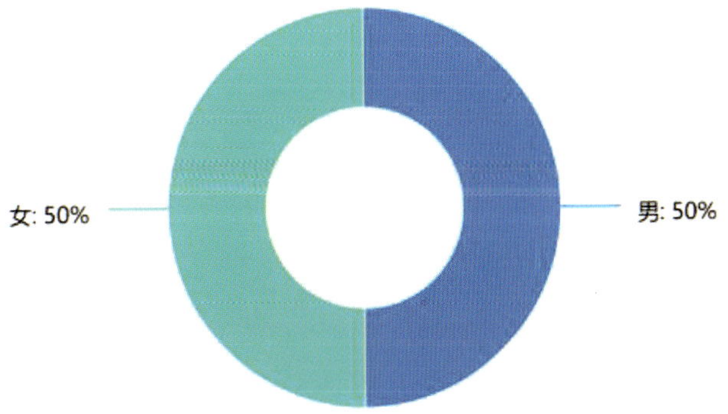

2. 您的年龄段　[单选题]

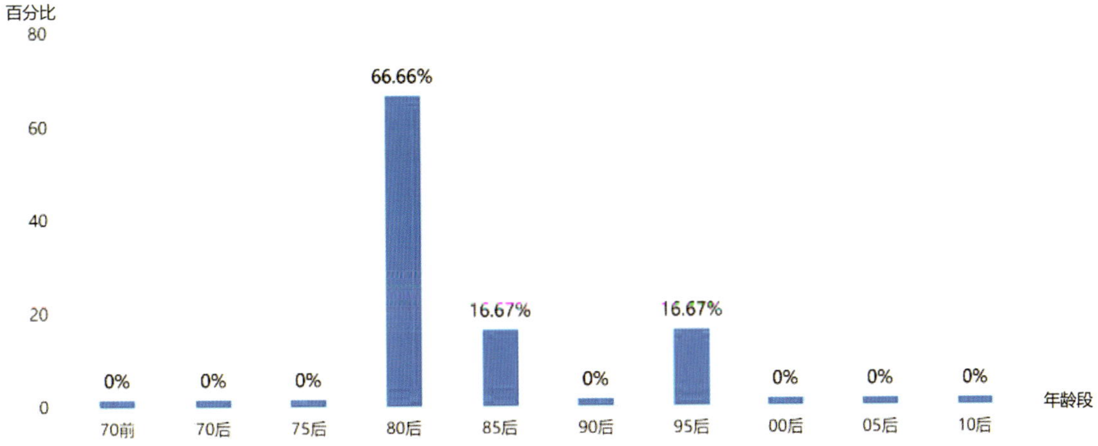

3. 您的学历 [单选题]

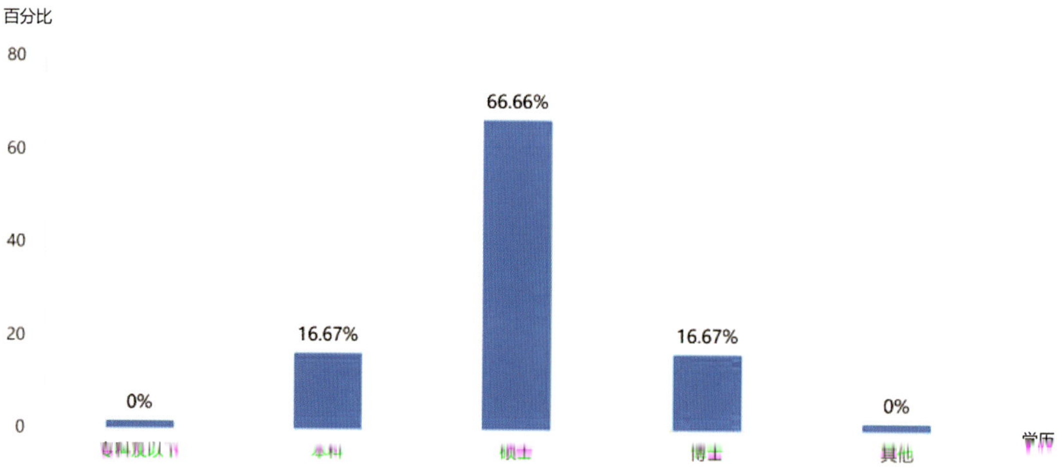

4. 您的公司旗下有几个数字人 IP? [单选题]

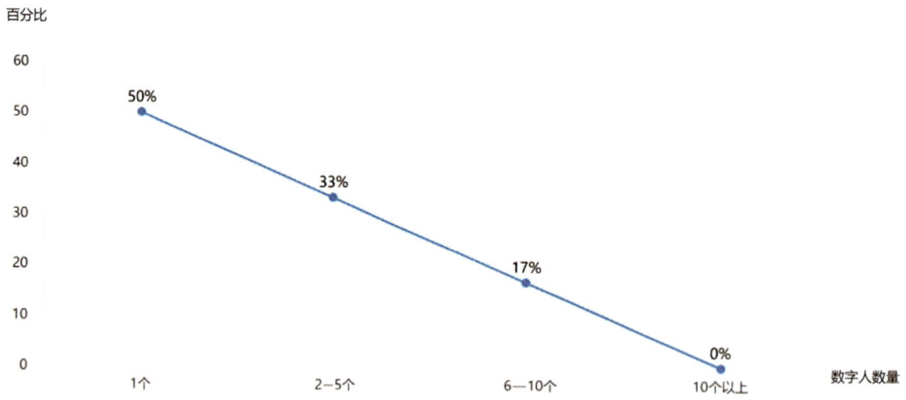

5. 您的数字人 IP 风格是？ [单选题]

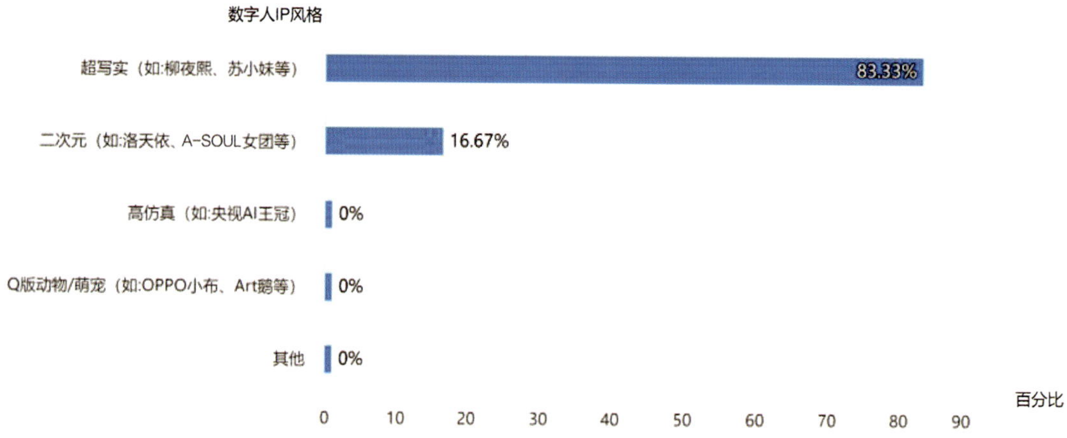

6. 您的数字人 IP 性别设置为？ [单选题]

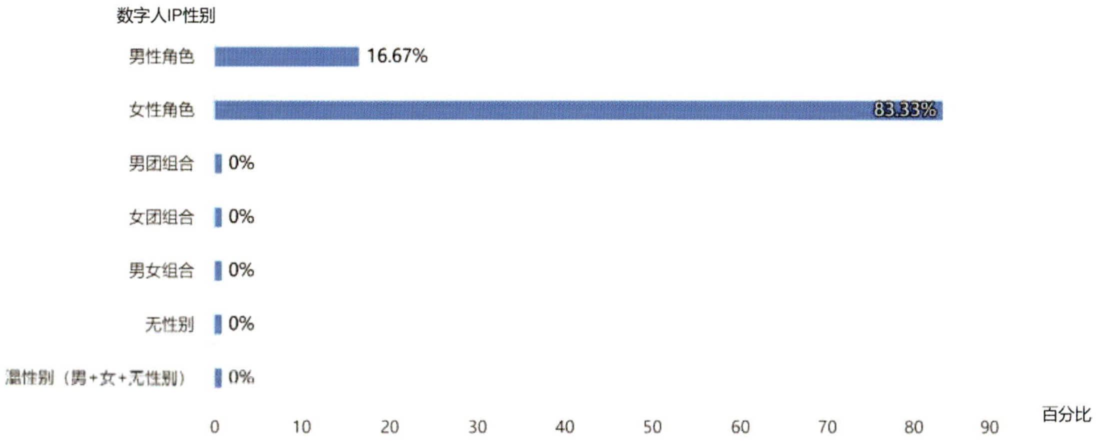

7. 您运营的数字人 IP 属于哪个类型？ [多选题]

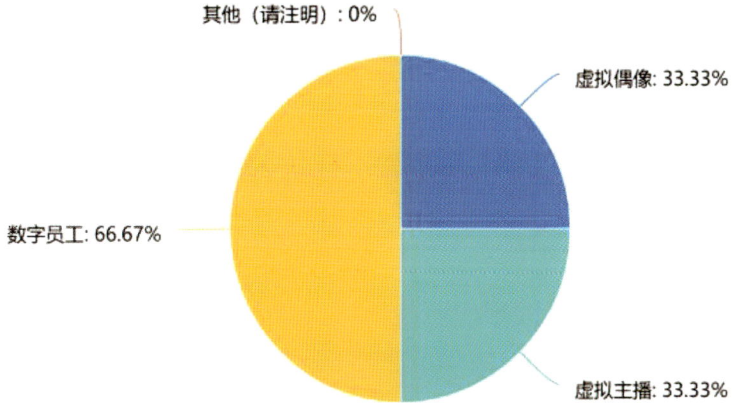

8. 您的数字人 IP 开通了哪些平台账号？ [多选题]

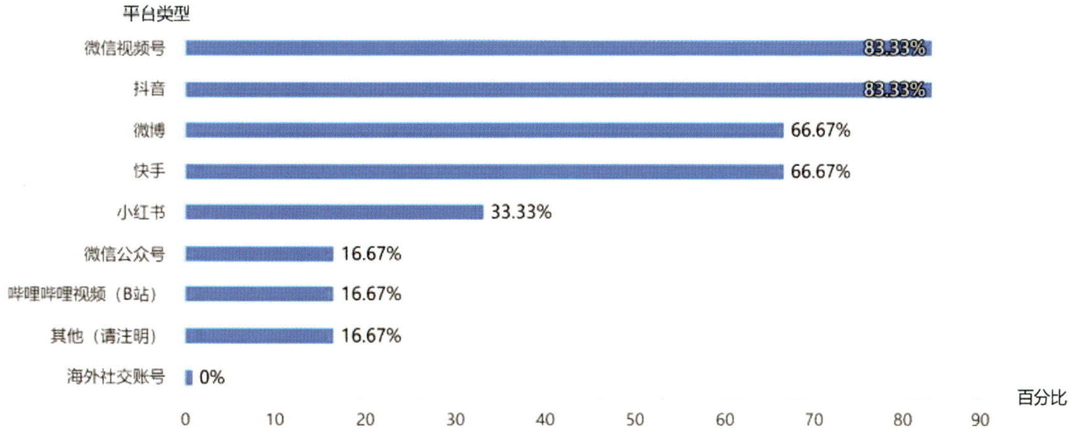

9. 您运营的数字人 IP 上线运营时间段为？　[单选题]

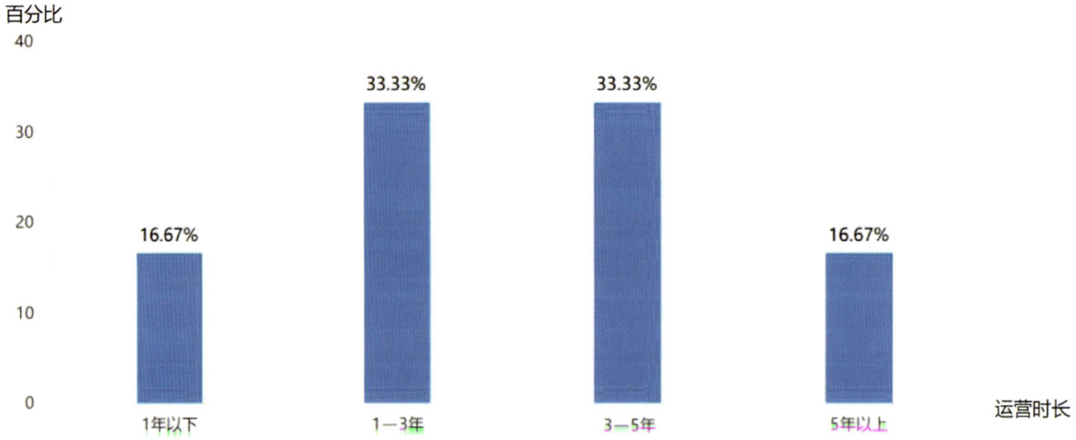

10. 您运营的数字人 IP 的内容更新频率是？　[单选题]

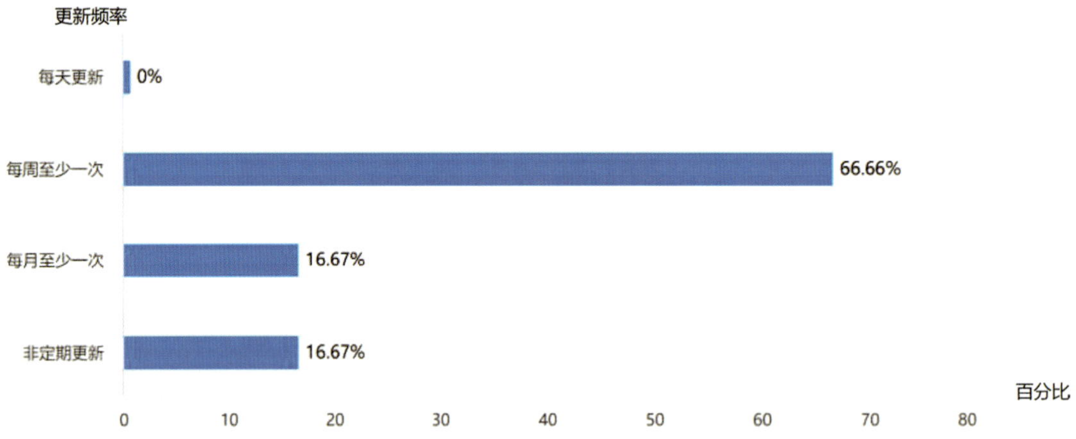

11. 您运营的数字人 IP 主要应用在哪些领域？　[多选题]

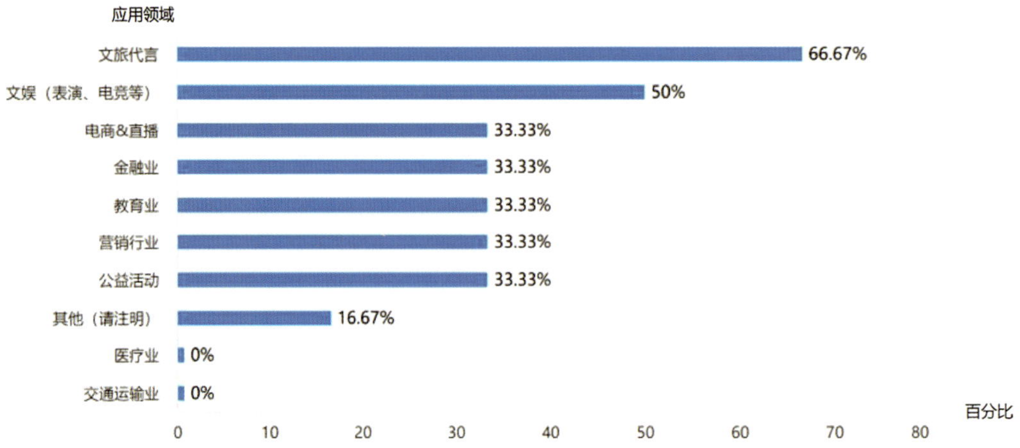

12. 您的数字人 IP 年度总投入（含人力成本）？ [单选题]

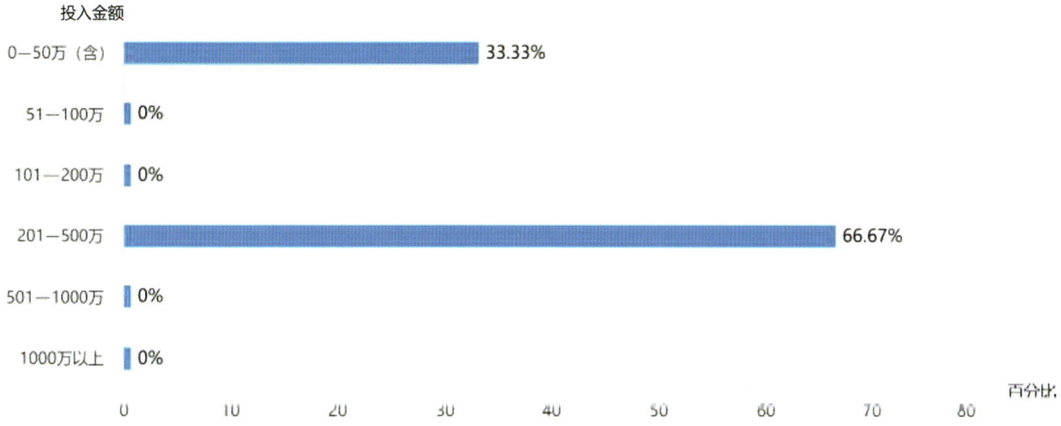

13. 您的数字人 IP 过去一年投入方面占年度总投入的比例为？ [矩阵单选题]

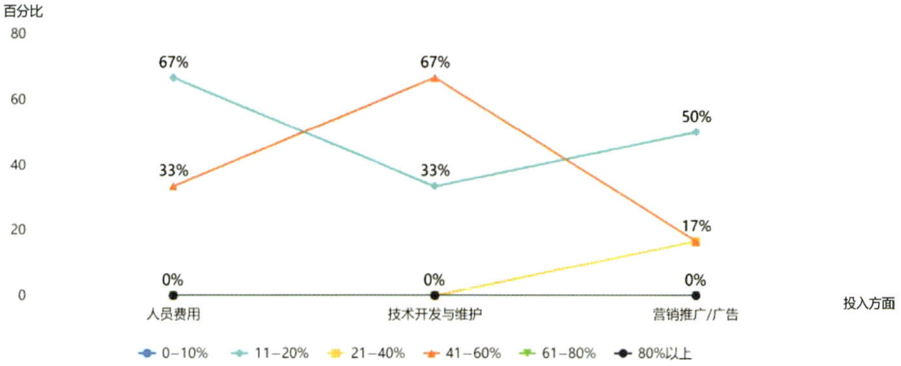

14. 您运营的数字人 IP 当前的年营收量级在哪个区间？ [单选题]

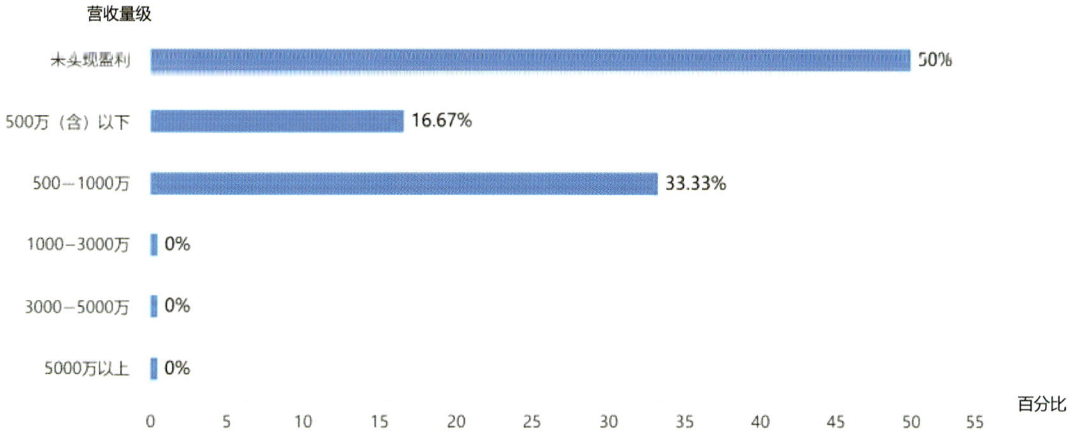

15. 贵司的数字人 IP 主要营收来源有哪些？ [多选题]

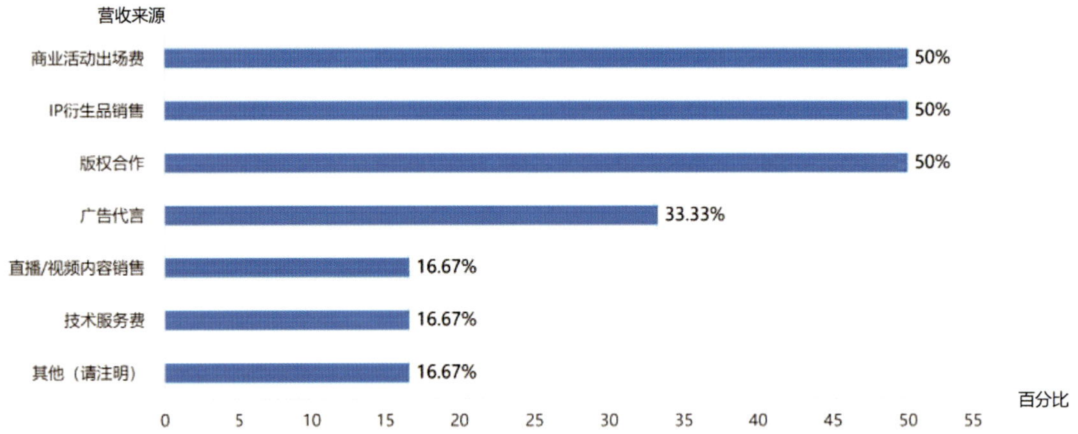

16. 您认为数字人 IP 持续运营的主要难点是什么？ [多选题]

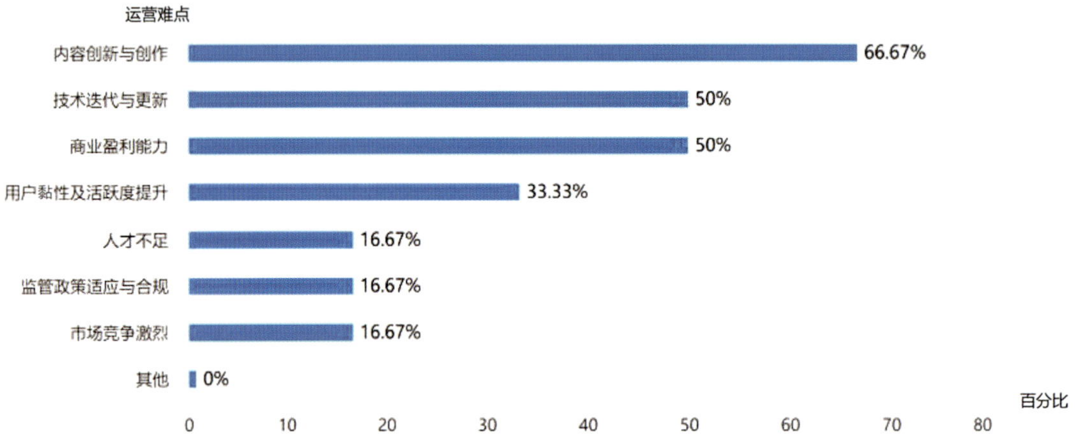

17. 贵司的数字人 IP 团队人员数量在： [单选题]

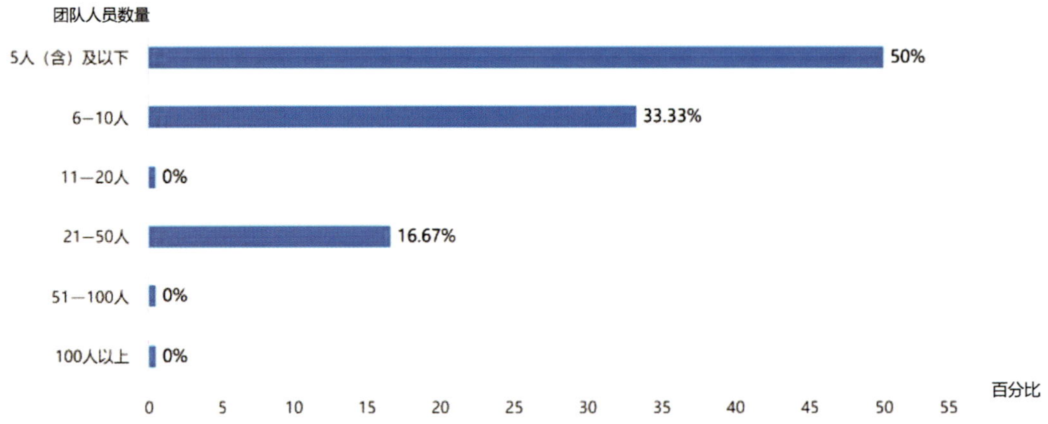

18. 贵司自营（非外包）的数字人 IP 团队人员包括？　[多选题]

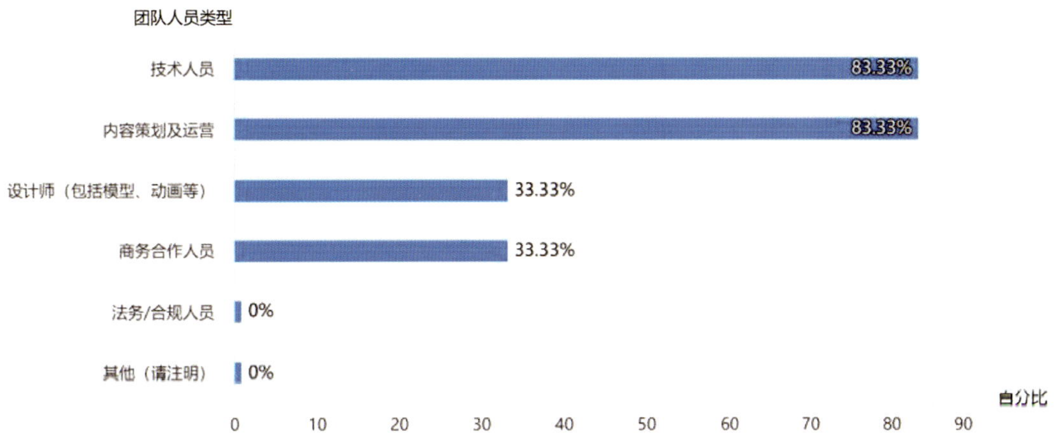

19. 您认为以下哪些方面对数字人 IP 的影响最大？　[多选题]

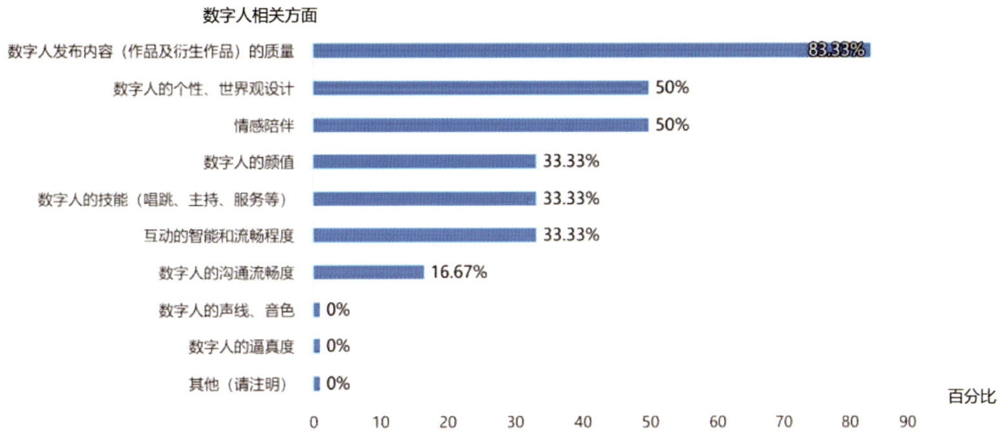

20. 您的数字人 IP 的大模型接入计划　[单选题]

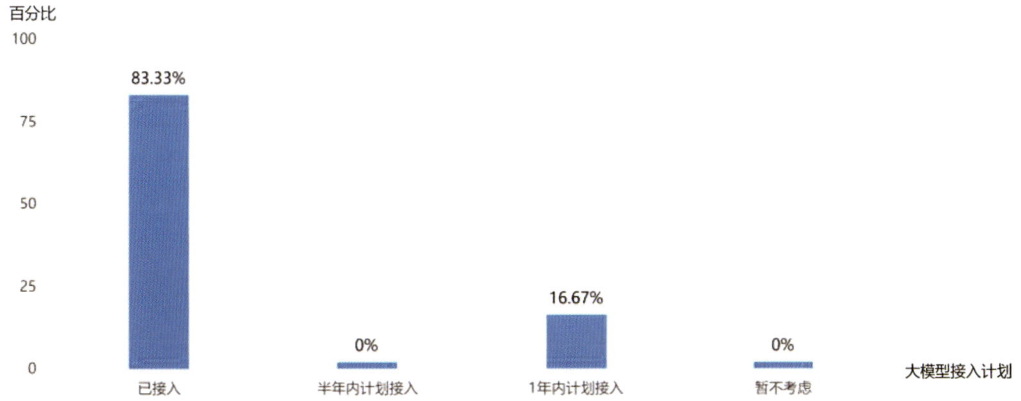

21. 您对现阶段数字人的智能化的评价如何？（用量表 0—10 分） [矩阵单选题]

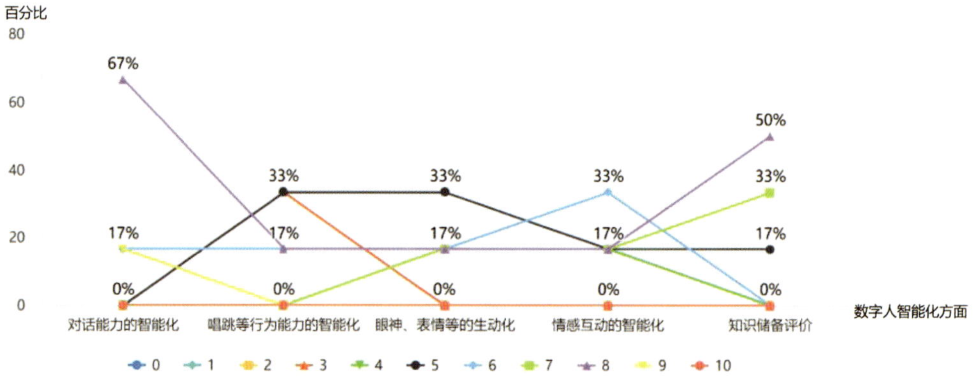

数据说明

《2025 数字人用户认知和使用情况调查问卷》，截至 2025 年 3 月 18 日 12 时，共收到 2420 份来自全国的有效问卷。受访者中，90 后是主要群体，19—25 岁（33.47%）、26—35 岁（43.68%）和 36—45 岁（22.31%）三个年龄段合计占比 99.46%，构成绝对主体人群。公务人员、文化传媒行业从业者、互联网科技行业、全日制学生、金融行业为受访者从事的职业前 5 名，合计占比超过 80%。

《2025 数字人 IP 主理人问卷》，共回收 36 份有效问卷，包括头部 IP、数字人 MCN 机构、数字员工主理人等。

数据分析

用户问卷结论

（1）近九成愿意为数字人消费，超半数愿意为智能导览买单

问卷显示，84.05% 的受访者表示有过消费行为（含经常和偶尔），仅有 1.65% 明确拒绝消费。可以看到，消费市场基础广泛，但呈现显著代际差异：26—35 岁群体经常消费比例达 49.57%，显著高于其他年龄段；36—45 岁群体中的 80.74% 以偶尔消费为主；男性消费行为更积极，51.12% 的男性用户经常消费远高于女性的 23.04%。

付费数字人服务需求集中于旅游导览及智能家居。其中，旅游导览场景占比 55.87% (1352 人)，智能家居控制占比 45.33%(1097 人)，显著高于其他场景，形成了第一需求梯队。同时，“智能化程度”与“独家版权形象”是用户付费的核心驱动因素，这两个选项在 19—35 岁主力消费群体中保持双高占比（45%—61%），且覆盖了所有职业类型。

（2）性别与年龄使用习惯差异显著

问卷显示，性别差异导致数字人的使用偏好分化，男性更倾向于智能汽车中的数字形象，女性则更关注直播电商和政企服务。男性对智能汽车的选择率高达 75.04%，远超女性的 24.63%；女性对直播电商（20.06%）和政企服务（24.93%）的选择率明显更高。

此外，性别差异影响交互方式选择，男性更倾向于视觉化交互，69.19% 的男性选择带形象的视频 /3D 模型，显著高于女性的 53.03%。同时，男性对元宇宙全息投影的偏好（11.47%）是女性的 1.4 倍，而女性更倾向于语音对话（女性为 36.25%，高于男性的 10.04%）。

（3）近半数的用户想拥有自己的数字人分身

问卷显示，26—35 岁群体中，44.94% 的用户非常希望拥有数字分身，显著高于其他年龄段；而 36—45 岁群体中，76.48% 的用户选择“比较希望”；19—25 岁群体中，36.67% 的用户持负面态度，原因可能与隐私顾虑相关。

同时，社交与工作辅助是数字人分身的核心需求。整体上，54.42% 的用户首要需求是工作辅助，但 36—45 岁群体的社交平台需求骤增至 79.44%，而工作辅助需求仅占 7.96%。67.67% 的公务人员专注工作辅助需求，服务业人群中 78.57% 侧重于社交平台需求，医疗行业人群中 40% 选择“陪聊”功能，反映了职业场景对功能需求的直接影响。这一数据充分显示了数字人在社交领域和工作领域

的应用潜力，同时反映了用户对数字人分身实用性的关注。

（4）情感交互成为数字人在用户端的破局关键

问卷显示，在数字人智能化体验的调研上，动作僵硬及情感反馈不足是用户最不满的核心问题，40.99% 的用户认为数字人“动作僵硬”，37.31% 认为数字人“情感反馈不灵活”，二者合计占比超 78%，说明用户对情境感知能力有更高的期待。此外，“回答不准确理解能力差”，占 28.93%，三者共同构成了核心痛点。

呼应情感交互需求的是，在“你使用过哪些智能数字人服务？”的问题上，58.31% 的受访者选择了 AI 心理陪伴服务，占比超过其他服务类型总和，体现出数字人在情感陪伴上的服务潜力。

（5）超九成用户支持数字人监管

问卷显示，26—35 岁和 36—45 岁群体中担心算法偏见的比例分别达 69.54% 和 75.56%，显著高于其他年龄段。中年群体可能更关注技术应用的公平性和潜在歧视问题。由此可见，用户对于数字人在应用过程中所产生的歧视问题有着高度警觉。同时，超九成的用户支持（37.31%）或部分支持（56.82%）政府对数字人实施严格身份认证，表明了用户对数字人的监管有期待。

（6）多数用户担忧数字人替代就业，但高学历及科技从业者更关注新岗位创造

问卷显示，36—45 岁群体中 79.81% 认为数字人会创造新岗位，而 19—35 岁群体中超 50% 认为会替代自己，反映了年龄对技术变革接受度的差异。互联网科技从业者中 60.98% 看好数字人岗位创造的能力，服务业从业者中 78.57% 则担忧被替代，反映了行业接触度对认知的决定性作用。

主理人问卷结论

（1）数字人 IP 的供给与需求错位

问卷显示，当前主理人运营的数字人 IP 美术风格多为超写实类，然而，该情况与用户端喜好存在明显错位——在《2025 数字人用户认知和使用情况调查问卷》中，49.63% 的用户在“你更喜欢下列哪一类美术风格的数字人？”中选择了高仿真风格（如央视 AI 王冠），而超写实风格仅获得 7.56% 的支持率。

这种供需失衡可能源于：主理人多为 80 后高学历群体，更关注技术实现的真实感与艺术表达，而用户实际需求更偏向于兼具真实感与交互流畅性的高仿真形象；同时，超写实风格开发成本较高（年度投入多集中于 201 万—500 万），但盈利转化率却低于预期（50% 的数字人 IP 未实现盈利），可能导致市场供给与用户实际消费能力脱节。

（2）数字人在大模型的深度赋能下更加智能化

问卷显示，2024 年主理人们对数字人智能化水平的认可度较 2023 年（平均分低于 7 分）呈现显著提升趋势，数字人尤其是在对话能力和知识储备方面表现突出：66.67% 的主理人对数字人对话能力给予 8 分高评价，50% 对知识储备评分为 8 分，显示出接入大模型技术（83.33% 已接入）对交互体验的直接赋能。

值得注意的是，这种能力提升不仅体现在技术层面——接入大模型的数字人 IP 在微信视频号、抖音等主流平台的开通率高达 80%，且内容更新频率提升至每周一次的占比达 60%，反映出技术迭代对运营效率的正向驱动。然而，主理人对数字人情感互动智能化（16.67% 评分为 7 分）和眼神表

情生动化（16.67% 评分为 6 分）的评分仍低于预期，说明技术实现与用户情感需求间的断层尚未完全弥合。值得关注的是，在未实现盈利的项目中，66.67% 的主理人仍选择为数字人 IP 接入大模型，表明其对技术价值的持续信心，而盈利组在广告代言和商业活动出场费的收入占比达 100%，侧面印证了技术赋能对变现路径的优化作用。这种技术认可与商业转化的异步增长，既体现了行业对 AI 能力的深度依赖，也揭示出内容创新与用户情感连接仍需突破的关键瓶颈。

（3）数字人 IP 运营困境：技术投入与商业转化失衡

问卷显示，当前数字人 IP 面临显著的投入产出失衡困境：50% 的数字人 IP 尚未实现盈利，而对其的年度总投入却集中在 201 万—500 万的较高区间（占比 66.67%），其中技术开发与维护投入在 41%—60% 的占比高达 66.67%，显示主理人对底层技术的战略侧重。这种选择背后，既包含对 AI 大模型技术迭代的积极响应（83.33% 已接入），也暴露了内容创新与市场需求的脱节（超写实风格开发成本高昂，0—50 万投入组占比 33.33%，但用户调研中仅 7.56% 选择该风格，反而是高仿真风格获得 49.63% 的用户青睐）。

更值得关注的是，半成数字人 IP 在营销推广上的投入仅占年度总投入的 11%—20%，且 50% 的数字人 IP 团队规模在 5 人及以下，导致技术优势难以转化为市场认知。尽管 66.67% 的主理人保持每周内容更新，但仅有 33.33% 的主理人关注用户黏性提升。技术投入形成的成本压力，加之数字人 IP 营销推广较少，使技术投入与商业转化进一步失衡，凸显了 IP 运营的可持续性依然是难点。

（六）国内外数字人发展状况对比

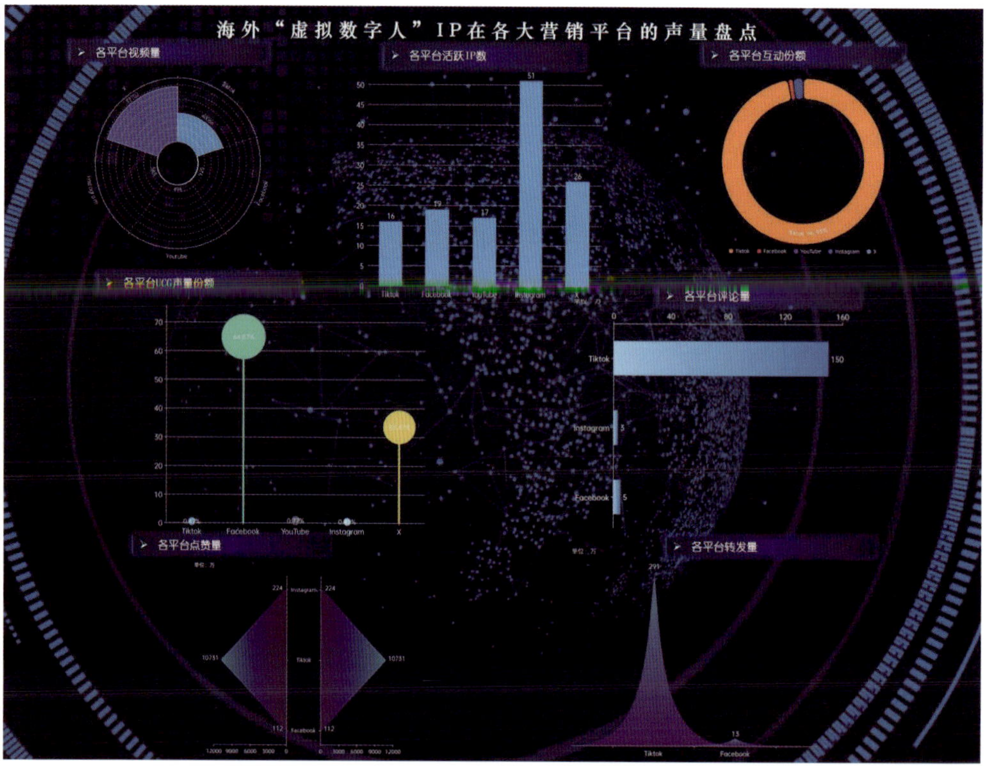

图 2-12　164 个海外数字人 IP 样本营销声量盘点

本期《报告》监测和统计的海外重点数字人 IP 样本量达到 164 个，其中 2024 年度活跃数字人 64 个，声量盘点图展现了样本在五个海外平台的声量情况。

视频量，所有样本在各平台的视频总量，包括各平台中所有数字人的官方账号视频动态以及各平台中第三方发布的样本相关视频。

互动量，各平台中样本相关用户互动次数，如点赞、评论等。

UGC 声量，统计了所有样本在各平台的官方账号原创内容的数量，刻画了相关样本在对应平台上的原创能力和活跃程度。

2024 年年度数据显示，TikTok 作为海外短视频平台成为大部分数字人的活跃地，数字人可以使用该平台与粉丝互动、进行营销活动，其互动份额在所有平台中占 96.93%，接近 100%，活跃 IP 有 16 个，TikTok 的评论量、点赞量、转发量在平台中位列第一，分别有 150 万、10731 万、291 万；Facebook 声量份额最大，达 64.87%，活跃 IP 达 19 个；Instagram 平台活跃 IP 数量最多，高达 51 个，超过总体的三分之一。

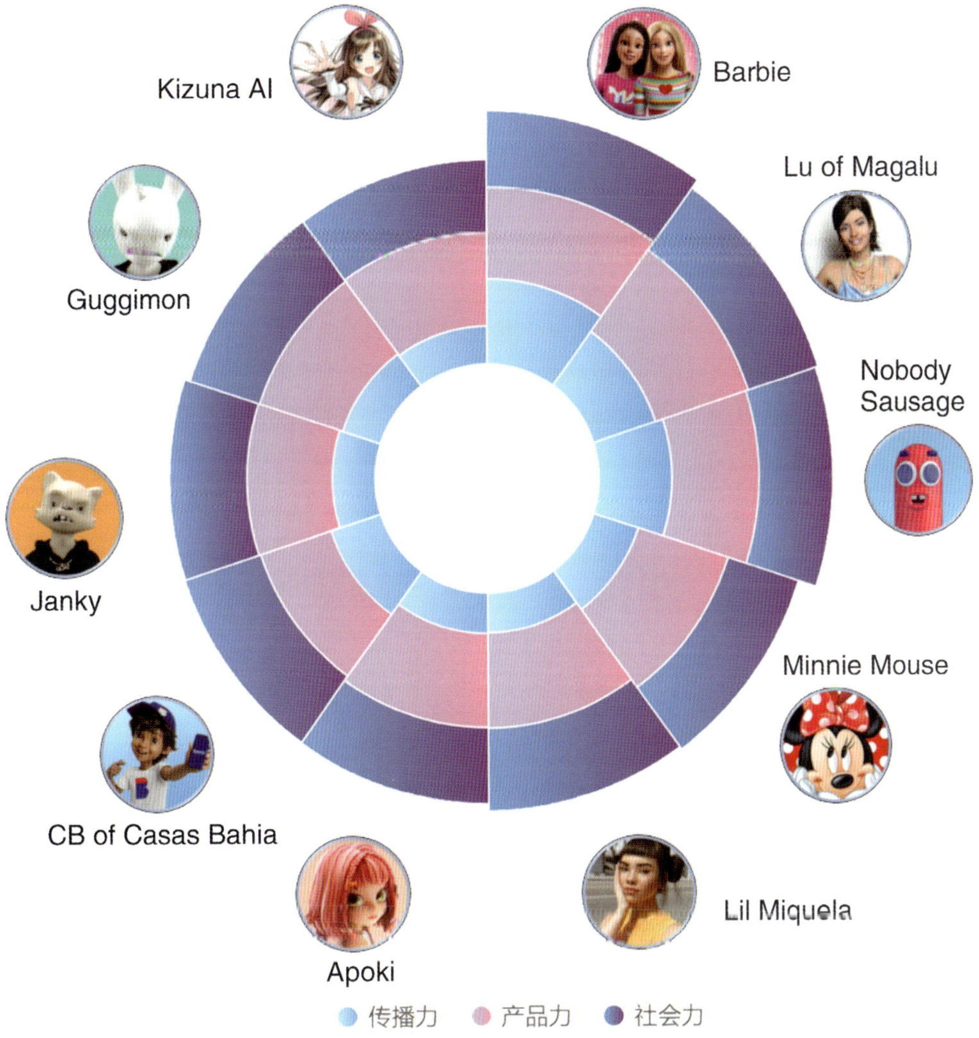

图 2-13　海外数字人 IP 影响力前十指标展示

1. 产品力

在全球数字人产业的发展中，国内数字人在美术与技术维度上普遍处于较高水平，展现出更精细的制作工艺和较强的视觉表现力，而海外数字人虽然在技术层面有部分领先案例，但整体上更趋向于多元化、个性化，且美术精细度上略逊于国内。

L3（高技术）和 A3（高美术）区域，国内数字人的形象普遍展现出高水准的美学设计，如星瞳、洛天依采用超写实渲染和高精度动作捕捉，无论是皮肤细节、发丝动态，还是服饰材质的光影表现，都高度接近真实人物。

同时，国内数字人多以高度拟人化的形象示人，在现实应用场景中具备更强的适应性。海外市场的部分头部数字人采用非传统人形设定，形成了差异化竞争。在技术实现层面，国内数字人广泛应用于品牌营销、直播带货、虚拟偶像等商业场景，产品化程度较高，市场接受度较强。

图 2-14　虚拟偶像星瞳

星瞳作为国内数字人的杰出代表，其形象设计融合了时尚与科技元素，展现了独特的现代魅力。在技术层面，星瞳凭借高精度的建模和流畅的动作捕捉技术，在舞蹈表演中展现了极高的专业水准，每一个舞步和动作都精准且充满节奏感。她的音乐作品也广受欢迎，从 2018 年首支单曲 *Shining You* 到 2022 年迷你专辑《星・引力（X・travity）》的发行，星瞳在音乐创作上不断成熟和多元化。此外，她在游戏领域也有所拓展，如为《黑神话：悟空》中的角色三姐配音，展现了声音表演的实力。凭借在多个领域的出色表现，星瞳荣获 BLS2022 年度创新主播奖、BLS2023 年度最佳节目效果奖以及“虚研制作・V 光之夜”年度直播神回奖和年度行业开拓者奖等荣誉，其市场接受度和商业价值得到了广泛认可。

相比之下，海外数字人产品矩阵更加多元化，其中不乏风格化、卡通化的形象。例如，Nobody Sausage 便是一款风格化极强的数字人，其以极简的卡通建模和夸张的动态表情获得全球范围内的关注。该类数字人虽然在商业化变现上有所突破，但从技术层面来看，其建模精度、动画流畅度及渲染效果均与国内主流数字人有较大差距。未来，国内数字人市场在保持高质量标准的同时，可借鉴海外市场的多样化风格，以拓展更广泛的用户群体。

图 2-15　星瞳 vs Nobody Sausage

2. 传播力

随着人工智能和虚拟技术的发展，数字人已成为全球文化传播的重要媒介。在国际市场上，欧美国家的数字人凭借精准的受众定位、强社群运营能力和与流行文化的联动，成功实现全球化传播，形成了广泛的用户基础。而中国的数字人虽已在国际化道路上取得一定成果，但整体仍处于探索和突破阶段，相较于欧美数字人的全球影响力，尚有较大的发展空间。

海外数字人的全球化传播与影响

欧美国家的数字人在国际传播方面表现尤为突出，其核心优势体现在受众全球分布、市场精准定位以及强大的社群运营能力。

★ **Codemiko（美国）：**粉丝群体覆盖美国、英国、德国、菲律宾、印尼等多个国家，主要受众包括电竞玩家、极客文化爱好者和 Vtuber 社群。Codemiko 通过“技术极客 + 娱乐达人”双重形象，精准吸引硬核玩家，并借助直播互动、社群分享等方式形成高黏性的用户生态。其传播策略强调用户参与感，如通过“Amplification”（内容放大）机制鼓励二次创作，与头部游戏主播合作进一步扩大影响力。

★ **Barbie（美国）：**受众覆盖美国、巴西、墨西哥，依托全球时尚、美妆、流行文化圈的女性核心群体，实现社群聚合。其成功的关键在于流行文化绑定，如与 Taylor Swift、BTS 等全球顶级偶像联动，形成明星矩阵，在社交媒体上迅速破圈。此外，Barbie 还与 Vogue、迪士尼、漫威等品牌进行跨界合作，将自身形象深度嵌入全球流行文化生态，并通过节日限定内容（如圣诞节、独立日）强化地域认同，使其品牌形象深入人心。

欧美数字人的国际化成功并非偶然，它们普遍具备以下特征。

精准的市场定位：Codemiko 深入电竞文化，Barbie 专注女性市场，各自精准匹配目标受众，形成高度忠诚的粉丝群。

社群驱动的传播方式：欧美数字人依托社交媒体互动，用户主动参与，形成二次传播和裂变式扩散，例如 Codemiko 的直播互动玩法、Barbie 的粉丝社群建设。

流行文化与商业联动：欧美数字人善于与主流文化融合，如 Barbie 的明星营销策略、Codemiko 的 Vtuber+ 电竞结合，使其更易获得全球观众的共鸣和认同。

中国数字人的国际传播现状与挑战

相较于欧美数字人早已在全球市场站稳脚跟，中国数字人正在努力扩大国际影响力，并在部分领域取得突破。

★ **令颜欢（魔珐科技）：**作为主打“元宇宙虚拟武侠”的虚拟人物，令颜欢登陆纽约时代广场，相关视频在 TikTok、Instagram 等社交媒体上播放量超亿次，被 BBC、路透社等国际媒体报道。其核心优势在于以东方美学为传播点，结合虚拟演唱会、汉服文化互动等内容，吸引东南亚、欧美 Z 世代用户。然而，相较于欧美数字人，其受众仍主要集中在华人文化圈及对中国文化感兴趣的群体，尚未形成更大规模的跨文化传播效应。

★ **楚音（华中科技大学 × 湖北广电）：**楚音凭借 AI 文物记者身份，在国际文化遗产领域获得认可。其内容被美联社、法新社等 200 余家境外媒体转发，并被剑桥大学数字人文研究中心收录。然而，其国际传播依赖学术及文化机构渠道，受众较为垂直，缺乏类似 Codemiko、Barbie 的大众市场渗透力。

★ **Talkie（MiniMax）：**作为中国公司海外发布的情感需求类数字人，Talkie 在全球月活用户达 1100 万，其中 50% 来自美国，位列美国 AI 应用下载榜第四，并在 AI 情感陪伴领域形成了差异化竞争力。这一成功案例说明，中国数字人在技术驱动的全球市场（如 AI 聊天）更容易突破文化壁垒，而在文化传播型数字人领域仍需更大的努力。

中国数字人面临的挑战

文化认知壁垒：欧美数字人往往依托全球流行文化（如美妆、电竞、明星 IP），更容易被不同国家受众接受；而中国数字人更多依靠本土文化（如武侠、汉服、文物），在全球传播中面临着理解门槛。

全球社群运营能力不足：欧美数字人依靠社群互动和裂变传播，形成持续用户黏性，而中国数字人的国际社群建设仍处于初级阶段。

本地化适配度不高：欧美数字人能针对不同国家市场进行个性化运营（如 Codemiko 对不同语言社群的适配、Barbie 的跨国营销），而中国数字人往往以同一内容覆盖全球，缺乏针对不同市场的定制策略。

3. 社会力

在数字技术与实体经济深度融合的浪潮中，国内数字人正以多元化形态融入社会服务体系，成为推动公共服务升级、文化传承创新和经济高质量发展的重要力量。

中国的数字人注重社会价值导向，在新闻传播、文化教育、公共服务等多个领域发挥积极作用。例如，央视小 C 作为国家新闻媒体的数字人，已广泛参与完成新闻播报、政策解读等任务，不仅提升了新闻传播的智能化与效率，还强化了媒体对主流价值观的引导能力。此外，在文旅领域，中国国家博物馆的艾雯雯以 140 余万件馆藏为依托，化身永不疲倦的义务讲解员，带领全球游客打破了传统博物馆的物理边界，让文化遗产触及更广泛的观众群体。中国的苏小妹、天好也致力于传播中国传统文化，宣扬中国厚重的历史人文。

在全球数字人发展格局中，海外技术路径呈现鲜明的商业驱动特征，其社会服务功能的结构性缺失与国内形成了显著对比。欧美数字人产业高度集中于影视娱乐（如好莱坞虚拟角色制作）、商业营销（如品牌虚拟代言人）及工业场景（如制造业数字孪生），技术应用的价值取向始终以资本增值为核心。

调查显示，欧美服务型数字人在公共服务领域的渗透率仅为 32%，不及中国的一半，其创造的商业价值占比高达 89%，社会贡献却微乎其微。例如，韩国数字人产业聚焦虚拟主播带货，年交易额超 50 亿美元，却鲜少涉及养老、教育等普惠性服务；欧洲数字人技术集中于汽车、航空等高端制造的数字孪生，对公共文化服务的赋能近乎空白。这种“资本驱动型”发展路径，使数字人沦为商业利润的工具，而非解决社会问题的方案。

4. 洞察：国内与海外数字人产业比较

产业分布及特点

当前全球数字人产业已迈入“数字人 + 智能体”深度集成的阶段，技术与场景的融合推动产业从单一形象展示向智能化、功能化跃迁。中国依托区域性“集成带”形成差异化竞争力，而美国以消费级市场主导生态布局，两者在技术路径与商业化方向上呈现显著分野。

中国数字人产业的分布特点在于“集成带”的协同效应——技术研发、硬件制造与垂直场景的深度捆绑。以珠三角为例，深圳不仅是全球硬件供应链的核心枢纽，更在“智能体 + 数字人”的融合中占据高地，依托华为、腾讯等科技巨头的底层技术积累，更在 AI 算法、实时渲染与硬件制造领域占据领先地位。长三角地区凭借杭州与上海的双核驱动，成为数字人商业化创新的标杆区域。杭州借助阿里生态的场景优势，率先将虚拟主播融入电商直播，催生出大批高转化率的“AI 带货主播”；上海则聚焦金融与文娱领域，浦发银行的数字员工与 b 站虚拟 UP 主洛天依的成功，印证了其在企业服务与 IP 运营端的探索。京津冀与中西部地区则通过政策与特色场景补足产业链。

北京借助国家级实验室推动 AI 伦理框架建设，约束智能体的决策边界；成都将文旅数字人升级为“智慧导游”，通过地理定位与 AR 技术提供个性化游览路线推荐。这一系列案例印证了中国数字人产业的核心逻辑：以 B 端需求为牵引，通过“集成带”快速打通“技术—场景—数据”的闭环，在制造、政务、医疗等领域实现规模化落地。

相比之下，国外数字人产业更注重 C 端市场，产业布局呈现多核联动的特征。硅谷负责底层技术研发，好莱坞主导内容生产，纽约聚焦金融科技应用，这种分散式布局形成了独特的创新网络。Meta 的虚拟会议系统与迪士尼的虚拟 IP 开发形成互补，在元宇宙演唱会等场景实现跨平台商业闭环。但是，分散化也带来了数据孤岛问题，据麦肯锡报告，美国企业级数字人系统数据互通率仅为 53%，低于中国的 72%。

技术层面，国外数字人普遍搭载 LLM 大模型，实现从简单交互到自主决策的能力升级，应用于虚拟伴侣、虚拟教师等场景。Statista 数据显示，美国 C 端数字人市场规模占全球的 45%，其中，虚拟社交、在线教育等领域年复合增长率超过 30%。数据策略方面，美国则侧重于用户数据个性化采集等隐私保护技术。

在这场技术革命中，中国的优势在于完整的制造业生态和强大的政策执行力，美国则依靠创新文化实现全球市场覆盖。这两种模式并非相互排斥，而是在碰撞中不断融合，这种“技术创新—场景验证—全球适配”的良性循环，正在重塑全球数字人产业的格局。

设计理念差异

（1）形象设计层面

国内与海外数字人形象设计在文化、审美和设计理念上各有侧重。国内数字人形象注重本土文化的融入和传统美学的传承，海外数字人形象则更强调未来感、个性化和全球化视野。

国内：文化形象与本土化的融合

中国的数字人设计往往深植于本土文化的土壤，其形象通常融入了中国传统文化元素。柳夜熙的东方美学融合了当代赛博科技感，她脸上时常绘制着国风色系油墨或妆容。天妤的妆容、服装设计由制作团队与敦煌服饰文化研究暨创新设计中心合作完成，灵感来源于壁画中飞天的形象，并融合了天女、伎乐人等的服饰特色。洛天依灰发、绿瞳、发饰碧玉、腰坠中国结，许星悠、安思鹤、谷小雨、令颜欢等数字人的各平台主页也充满了中华传统文化元素。此外，部分数字人形象直接取材于中国古代神话传说与历史故事。数字人李白不仅再现了诗仙的风采，还通过其创作的虚拟诗歌，传递了古典文学的精髓。苏小妹的形象源自中国古代才女苏小妹，嫦小月来自嫦娥奔月神话…… 这些形象本身就承载着丰富的文化信息和深厚的故事容量。

海外：未来感与个性化的彰显

相比之下，海外数字人形象设计更加侧重于未来感和科技感。数字人 Miquela 的形象设计大胆前卫，独特的发型和时尚的服装搭配，其项链、紧身衣等，既有金属科技风的元素，也不乏锁链元素，彰显个性化的审美。海外数字人的形象也极为突出个性、小众和多元，注重全球化的受众，在发型、肤色乃至形态上都有较多类型，将个性化推向极致。数字人 Serah Reikka 有粉色头发、大眼睛和厚嘴唇，张扬明艳，通过夸张的色彩和造型，传达独特的时尚感和未来感。Nobody sausage 是爆炸头、香肠嘴的果冻体“动画香肠”，身段灵活，发丝顺滑，表情灵动，经常穿着简单的服装“疯狂摇摆”，颠覆了传统审美观念，仅 YouTube 平台就有 329 万订阅者。这些数字人形象设计不仅突破了单一审美的限制，更以多样化的视觉表达，吸引了全球范围内对前沿科技和个性表达充满热情的用户群体。

（2）性格设计层面

在性格设计层面，国内与海外的数字人呈现明显的文化理念差异。国内数字人性格通常强调亲和力，致力于通过正面、温和的形象传达中华传统美德和现代社会正能量，而海外数字人更加多元，制作团队倾向于打造具有鲜明个性的角色。

国内：情感共鸣与中华美德底色

国内数字人角色性格设计通常融汇了中华文化的内核。数字人的个性在传承中华传统美德如谦逊、勤奋、友善的基础上，被注入了独立、自信和创新等当代元素，既温和正面又具有细微个性差异。虚拟 UP 主七海 Nana7mi 是一个稍有些“中二病”的平凡少女，有着独特的穿着风格——标志性的鲨鱼外套，以及对梦想的执着追求；洛天依身高 156 厘米，性格温柔内向、细腻敏感；A-SOUL 组合成员嘉然造型可爱、性格讨喜，但是个“吃货”。这些数字人可能有一些小缺点，但总体行为正向，能够展现出东方价值情感。此外，国内市场上的数字人性格设计更加注重与观众的情感共鸣，如柳夜熙在抖音平台发布的短视频不仅传播了诸如“我们不是旁观者，而是暂时的幸存者”“真正的文化自信是敢于面对外来文化”等积极信息，还通过再现数字人物遭受网络暴力的情节，提醒受众“言无刀锋，却能杀人”，在潜移默化中培养受众的社会责任感与自律意识。

海外：个性鲜明与多元价值探索

相比之下，海外的数字人性格鲜明多元，不仅局限于本土文化，而是具有跨文化属性，企图适应全球市场的需求。例如，韩国 Sidus Studio X 公司制作推出的数字人 Rozy 是 Instagram 上的虚拟博主，其在社交媒体上的表现常常流露出对自然生态的热爱和对可持续生活方式的推崇，具有明显的“环保人士”属性。她发布的内容涵盖环境、日常、旅行、时尚等多个领域，展现出年轻人特有的活力与创意。海外数字人甚至不畏惧展现自身富有争议的性格。例如，数字人 Miquela 拥有自己的世界观和价值观，并拥有自己的“数字人”朋友。Miquela 最初以人类自居，认为自己由硅谷的一个邪恶天才创建，并被 Brud 公司偷偷注入了一个名叫“Miquela”的人类的记忆和个性。Miquela 前卫自信、幽默叛逆，敢想敢说，展现出多层次、矛盾却又极具吸引力的性格特质。她发布的视频中有日常生活和吐槽，时常引发争论，使她成为社交媒体上的焦点。

（3）功能定位层面

国内数字人产品关注服务，强调“服务＋工具性”，聚焦降本增效与垂直场景适配。海外则侧重数字人本身，聚焦“内容＋主体性”，通过内容生产和情感表达创造经济价值。

国内：以服务为核心，聚焦降本增效与垂直场景适配

国内数字人产品主要聚焦于企业服务与功能的落地，目标在于通过数字人替代传统人工服务，从而实现成本降低和效率提升。数字人在金融、政务、教育等行业广泛应用，如工商银行推出的工小征、建设银行的龙知微和招商银行的招晓霖，均通过虚拟客服或智能顾问的方式替代部分人工服务，优化业务流程，降低运营成本。浦发银行的小浦专注于金融客服，其设计更侧重于标准化、流程化管理，确保服务质量和效率。深圳市龙华区政府和安徽省怀远县人民检察院分别推出的数字人龙子婳和怀小检，也体现了政务服务数字化转型的趋势。教育领域出现了虚拟教师、数字人助教等，湖北幼儿师范高等专科学校人工智能学院的小乔老师，充分展示了技术即服务的实用主义思维。除了服务性应用外，国内数字人在文旅领域崭露头角，如国家博物馆的艾雯雯、云南省文化和旅游厅推出的彩云，以及希尔顿推出的 XENIA，涵盖虚拟导览和旅游服务功能，致力于提升用户体验。此外，国内数字人产业注重功能落地与场景化应用，深耕品牌营销与直播电商。例如，央视网推出央视网小 C、AI 王冠、小小撒，浙江卫视推出谷小雨，湖南卫视推出小漾，作为节目主持人与真人共同主持节目。京东的采销东哥在京东超市、京东家电家居采销直播间首秀，通过实时互动创造销售价值，整场直播累计成交额超 5000 万元。

海外：跨界融合，打造内容经济与数字娱乐生态

相比之下，海外数字人产品更多聚焦于数字人自身的内容生产与社交互动，其核心价值体现在打造虚拟主体、创造情感价值与数字经济。海外数字人以虚拟内容生产为核心，通过游戏直播、演唱会、广告代言、社交互动等方式进行内容输出。例如，巴西零售巨头 Magalu 运营的 Lu do Magalu，以“科技博主、家庭主妇、网红和推销员的奇特组合”形象，为品牌提供多维度的数字内容和情感陪伴，进而带动商业变现。Lu do Magalu 身兼多职：虚拟网红、数字专家和内容创作者。国际市场上的数字人也更注重跨界融合，通过与时尚、娱乐、体育，甚至公共服务等行业进行功能互通，形成全新的数字经济生态。日本虚拟偶像绊爱不仅在直播、影视、广告领域活跃，还通过跨界进入游戏、教育和虚拟体验等多个场景，展示了数字人作为娱乐内容生产者的主体性和多样性。数字人主要依托 Twitch、YouTube 等平台进行直播和社交互动，推进数字娱乐全球化。

运营模式差异

（1）服务提供

国内：“项目制＋订阅制”的混合模式，重点以企业级定制服务为主

1）定制化开发与一次性付费

国内企业针对特定应用场景或单个虚拟主播进行定制化开发，通过一次性付费完成系统搭建。国内市场提供快速制作 2D、3D 数字人的定制项目，围绕政务、金融、教育、文旅等垂直领域展开。

银行、政务和教育机构推出的专属虚拟客服、智能金融顾问或虚拟教师，通常以企业或公司的名义开发——企业通过与数字人开发机构或科技公司合作，引入定制化数字人产品。阿里云为制造业提供的数字员工解决方案，针对生产线、数据采集及智能决策等环节进行专门设计，以解决企业在数字化转型过程中的具体痛点。

2）阶梯式订阅服务

对于小型企业和个人化需求，推出阶梯式订阅服务，客户可以根据实际需求选择不同功能和服务等级。C 端用户除了定制服务年费选项外，还可以按照月度、季度订阅支付服务费用。企业也可根据产出收费或出售 API 接口等方式收取费用，有助于降低初期投入，随着使用量或需求增长逐步升级服务层级。

海外：平台化、模块化开发，追求开放生态和去中心化服务

1）开放平台与开发组件

海外厂商倾向于在提供解决方案的同时提供部分轻开发模块，提供数字人开发组件如面部捕捉、动作捕捉、语音合成等核心模块，或通过免费增值模式将模型出售给某些企业，降低数字人开发门槛。UneeQ Digital Humans 在提供定价和解决方案的同时，也具备数字人类集成和部署功能。中小型企业或独立开发者可以快速集成这些组件，自主部署符合自身需求的数字员工或虚拟形象，推动数字化服务的普及。

2）去中心化服务与生态建设

国际厂商通常采用平台化运营战略，鼓励多方参与与合作。海外数字人服务不仅面向大型企业，也让中小型企业能够快速部署数字员工，通过构建开发者社区、开放 API 和 SDK，形成去中心化的创新生态圈。数字人技术研发投入和跨行业协同合作在国际市场中占比更高，确保了产品具有更高的通用性和技术先进性。

（2）运营决策

国内：服务于 B 端商用需求，通过智能化部署适应具有消费能力和高接受度的用户

1）整体向智能化迭代与部署，通过人工智能、大数据等技术实现功能升级和场景适配

国内虚拟主播、虚拟员工等运营决策由公司和大型企业主导。头部平台则通过孵化自有数字人 IP 矩阵，拓展形象代言、语音播报等衍生业务。数字员工正从单一功能向全业务流程升级，部分银行柜台升级智能问答、业务办理等全链条服务。虚拟教师、虚拟医生等强专业垂直领域产品通常采用精准投放至目标人群和目标场景获客的手段，借助智能语音、文字互动功能，通过大数据精准匹配客户需求。

2）品牌青睐数字人进行创新营销，以数字分身触达年轻一代消费者

国内虚拟偶像由大型互联网公司及娱乐集团主导技术研发，头部企业旗下呈现强资源整合特征，具备全渠道流量运营和内容创作能力的科技、互联网上市公司打造头部数字人 IP，并创造更高变现价值，如天娱数科、蓝色光标、科大讯飞、百度、网易、腾讯、阿里等。娱乐、传媒、影视公司争先推出当红娱乐明星的数字分身，面向粉丝进行运营。游戏衍生的数字人价值创造主要依赖游戏剧情和资产，如《恋与深空》等 3D 恋爱游戏中的角色在社交平台运营账号，为游戏玩家提供情绪附加值。国内虚拟偶像更多依赖抖音、微博、小红书等本土平台进行传播，通过数据驱动及团队统筹设计进行决策优化。

海外：服务于 C 端需求，内容生产是海外数字人产业长期竞争力的关键

1）聚焦 C 端需求，实施多平台策略与差异化营销

海外市场中的数字人运营重视消费者需求，通过多平台策略和差异化营销，实现内容投放。虚拟偶像和网红频繁出现在各大媒体平台，通过制造话题和网络争议等一系列营销事件来提升影响力。Miquela 就通过和其他数字人共同炒作、营销快速提升曝光度，如被 Bermuda 入侵账号，并被要求告诉人们自己的真实身份，她还通过与虚拟男友 Blawko 与攻击过她的 Bermuda 之间的频繁互动等，发展出 Miquela 虚拟偶像独立的世界观。Miquela 支持黑人维权并表现出鲜明的政治倾向，她的歌曲 MV 中包含恋爱接吻场景，复杂的情感关系引发了广泛讨论。

2）保证内容生产质量，实现即时互动与 IP 跨界

为确保高质量内容的持续输出，海外运营团队通过跨界合作与 IP 开发不断丰富数字人产品线。数字人持续参与内容创作，通过发行专辑、销售周边产品等方式实现商业变现。Riot Games 打造的虚拟偶像组合 K/DA 源自《英雄联盟》中的知名女性英雄，K/DA 组合出道并融入 K–pop 风格，通过音乐与游戏元素的结合，成功实现在电竞和音乐产业的跨界。一些个人独立运营的数字人项目，如 Ai Angelica，依托 UE 开发，通过众筹和工具销售维持内容生产。

（3）盈利变现

国内：直播与电商驱动

国内数字人的商业化核心围绕直播带货与电商场景展开。虚拟主播通过实时互动与商品推广，以销售提成为主要收入来源。

1）直播带货与销售提成模式

国内虚拟主播与商家合作，通过直播带货销售商品，并从中获得佣金收入。利用直播平台如抖音、快手、小红书的庞大流量和粉丝经济，在带货直播中获得提成，是国内数字人的重要盈利模式。佣金的多少通常取决于销售额和合作协议的具体条款。

2）多元化途径衍生开发、变现

国内虚拟偶像正在探索多元盈利路径，如参与品牌代言、参与影视作品等，商业模式与真人明星经济非常相似。厘里在 2024 年参与《异人之下》电视剧，饰演了一个失去四肢、通过电磁波游走来展现异能的角色——“二壮”。当前，厘里已签约大麦，进军音乐与演艺界。此外，国内在内容营销变现方面也有所尝试，如开发虚拟服装、道具、表情包等数字商品，推出手办、联名商品等实体衍生周边和会员专享、演唱会门票等付费内容。

3）知识付费与增值服务的探索

部分数字人产品在直播间分享专业知识、技能等内容，并设置付费门槛，吸引观众付费观看或学习。观众可以通过付费向数字人提问，获得专业解答和建议，或付费开通会员，获得无广告、独家内容等特权和增值服务，获取直播收益。

海外：内容订阅直接变现

海外数字人产业聚焦内容生产与数字人自身的商业价值，通过多元盈利模式构建了较为成熟的商业生态。

1）虚拟内容创作，观众为内容直接付费

虚拟网红通过发布创作内容、展现观点和与粉丝互动收获打赏、付费订阅等直接收益，平台内

的虚拟礼物系统和会员付费模式构成了稳定的收入来源。虚拟偶像还通过发行数字产品变现，如推出音乐单曲、NFT 收藏品等。部分虚拟 IP 会授权形象用于游戏、动画，从版权获利。

2）品牌代言与广告合作为重要收入来源

海外数字人团队通过广告品牌代言等方式实现盈利，如 Lil Miquela 曾与 Prada、Calvin Klein 等品牌签约合作，带来了可观收益。Miquela 参与 UGG、三星等广告拍摄，单次获得高额报酬；日本的虚拟模特 Imma 则通过为 IKEA 布置橱窗、为保时捷拍摄宣传片等获得丰厚收益。

3）虚拟同伴的订阅与增值盈利模式

部分虚拟同伴服务采取订阅制和增值服务模式盈利，基础聊天功能免费，高级功能如深入情感互动、语音通话和定制形象等需付费解锁。虚拟同伴还通过虚拟礼物和内购模式变现。类似游戏内购模式，用户可以购买虚拟服饰或解锁特殊剧情，满足情感需求。

产业生态差异

当前，中国与海外数字人产业生态发展呈现显著差异，具体表现在技术生态、应用场景、产业布局、资本驱动、市场规模、产业链构成与产业发展态势七个维度。

（1）技术生态：全栈式解决方案 vs 细分技术互补链

国内的数字人产业通常由互联网巨头主导，注重提供全栈式、一站式的解决方案。例如，腾讯、百度、阿里均布局了从底层算法模型到应用服务的全链条技术，形成了闭环式生态体系。相比之下，海外数字人产业则更多表现为细分技术提供商之间的互补协作生态，企业通常专注于某一细分领域，如 AI 情绪识别、动作捕捉、渲染技术等，由不同公司合作构建完整的数字人生态，如 Epic Games 提供虚幻引擎、Meta 研发情感交互技术，形成细分技术模块的高效组合。

（2）应用场景：垂直渗透 vs 专业化深耕

在应用场景方面，国内产业更倾向于垂直行业的场景渗透，例如在金融、教育、医疗、政务服务领域广泛部署数字人，以场景化应用实现快速普及并提高生产效率。相较而言，海外产业更倾向于在单一领域深耕，实现数字人创作与 IP 内容的深度运营，如虚拟网红的情感与个性设计，力求在单一领域做专做深，实现极致的用户黏性。

（3）产业布局：规模化集聚 vs 头部集中

国内数字人产业呈现显著的产业园区化趋势，如北京、上海、杭州、深圳等地均建立了数字人产业园区，形成了规模化集聚效应，以产业园为中心集中产业链上下游公司，推动集群效应。海外市场则倾向于头部公司主导，企业分布更为分散但资源更为集中，少数大型企业如谷歌、Meta、Epic Games 占据核心技术地位，围绕这些企业形成的生态链分散于全球各地，更强调全球性的产业资源聚合。

（4）资本驱动：政策引导 vs 风险投资主导

中国数字人产业的兴起，很大程度上依托政府政策引导。政策支持通过资金投入、税收优惠、地方扶持基金等方式，为企业提供初始的发展动力。例如，北京、上海、杭州出台了相关扶持政策，支持数字人企业落地和技术突破。海外产业发展则主要依靠风险投资与市场机制主导，如美国硅谷的 AI 初创公司依靠风险资本获得高频次融资，以市场需求快速迭代技术，推动产业生态活跃发展。

（5）市场规模：消费端爆发 vs B 端技术授权

国内数字人产业的市场规模爆发点集中于消费端应用，主要体现在直播带货、电商、娱乐领域。虚拟偶像、虚拟主播带动的粉丝经济使得消费端应用规模迅速扩张，如抖音、快手等短视频平台的数字人直播市场高速增长。海外数字人产业则更多侧重于 B 端技术授权，企业如 Nvidia、Epic Games 通过技术授权模式向游戏、影视行业输出核心技术方案，构成稳定的产业盈利模式。

（6）产业链构成：互联网公司占据核心 vs 海外多方生态合作

国内数字人产业链核心技术掌握在头部互联网公司手中，这些公司提供数字人底层算法、数据训练、应用开发到落地场景全套服务，腾讯、百度、阿里巴巴、网易均通过全栈式技术布局掌握产业主导权。海外产业则更多为多方生态合作，各细分领域公司形成了明确的技术分工和产业互补关系，共同推动产业成熟。

（7）产业发展态势：国内“基础层技术追赶 + 个别应用层创新”vs 海外稳步发展

目前，国内产业仍以基础层技术追赶海外为主，在芯片、光场渲染引擎、动捕等核心技术方面仍需进一步突破。虽然在应用层如虚拟主播、虚拟偶像领域已有创新成果，但底层技术依然与海外存在较大差距。海外市场基础技术稳步发展，技术积累深厚，在虚拟生命、类生命体等前沿方向持续深入探索。

小结：数字人产业对比发展建议

（1）技术融合路径建议

国内企业：加速情感交互技术与自适应学习系统自主研发。国内企业应加速技术自主化发展，尤其是在数字人情感交互与感知能力领域。可以借鉴 Meta 的神经渲染技术，推动国产光场引擎、自适应学习算法等前沿技术研发。情感感知技术的突破，将显著提升数字人在教育、医疗、心理咨询等场景中的服务能力，有望成为国内数字人产业的重要技术竞争力。

海外技术适配与迁移：影视级技术向直播电商场景转移。海外厂商在虚拟制作与影视级数字人技术方面具有较大优势。建议其将影视特效级的数字人渲染技术向直播电商、在线教育、虚拟展览等应用场景迁移，以适应中国市场更具消费潜力的商业落地需求。通过与国内企业的战略合作，海外厂商能迅速完成技术落地，实现共赢。

（2）生态协同策略

国内建议：建立数字人版权确权体系，参考欧盟《人工智能法案》完善数字人伦理审查和安全监管机制。

海外建议：加强中外跨区域技术合作，例如英伟达与腾讯云在算力与云服务领域的合作，积极共建全球统一的技术标准。

（3）全球化布局战略建议

国内数字人的出海路径：“技术 + 文化”双输出模式。中国数字人企业走向国际市场时，应积极践行“技术与文化”的双输出战略。以 TikTok 为代表的短视频平台上的虚拟主播，已率先尝试本地化运营，在东南亚及欧美市场成功吸引年轻用户。未来国内数字人企业可借助 TikTok 等海外平台，加速推广具有中国特色的虚拟主播、虚拟偶像 IP，以“技术 + 文化”双输出模式实现更大范围的文化输出和商业化布局，提升中国数字人的国际影响力。

海外企业应对中国市场的合规挑战。海外数字人厂商进入中国市场时，面临数据安全和用户隐私合规要求等挑战，需要充分适应本地化监管环境。例如，建立本地化数据存储中心，符合中国的数据安全和隐私保护标准，进而获得合规进入市场的通行证。同时，海外企业应积极与国内企业开展合资或合作，借助本地化运营和渠道推广，实现快速落地，扩大市场份额。

（4）场景拓展建议：由泛娱乐化向垂直场景深度延伸

当前数字人场景主要集中于客服、娱乐直播等泛娱乐领域，但随着技术进步与需求深化，建议未来数字人应积极进入医疗问诊、虚拟培训、企业内部知识管理等更具专业性和社会价值的垂直领域。数字医生、虚拟教师、虚拟企业培训教练等新兴场景的出现，将显著提升产业整体解决方案的专业性和市场价值。企业应加大投入力度，围绕这些场景开发垂直化的定制解决方案，从而实现更高的客户黏性和市场认可度，助力数字人产业步入更广阔、更可持续的发展路径。

综上所述，数字人产业发展呈现三大核心趋势：多模态技术、轻量化应用和垂直领域深耕，国内外企业需各自明确战略定位与竞争优势，加强技术自主创新，注重生态协同与合规运营，积极拓展垂直领域场景，加速推进数字人产业在全球范围内的成熟与繁荣。

3 情感智能篇

INTELLIGENCE

（一）情感智能的底层架构与技术实现

情感计算（Affective Computing）作为数字人情感智能的核心技术，通过赋予机器感知、理解和响应人类情感的能力，推动人机交互从功能化向情感化跃迁。自 1995 年这一概念首次被提出至今，情感计算已从实验室理论发展为医疗、教育、商业等领域的变革性技术，其技术实现基于情感模型的构建、多模态感知与融合、动态生成与反馈三大核心模块。

具体而言，情感智能包括以下四个底层技术。

1. 情感建模：从离散分类到连续维度

情感模型是情感计算的理论基石。离散情感模型基于心理学对基础情绪的划分（如愤怒、喜悦、悲伤等），通过标签化分类实现快速情感识别，具有高可解释性优势，但难以捕捉复合情绪与动态渐变过程。例如，医疗机器人可通过面部表情快速识别患者的疼痛等级，但难以解析“悲喜交杂”的复杂心理状态。为突破这一局限，维度情感模型通过连续坐标系量化情感强度，追踪情感演化轨迹：二维模型（Valence-Arousal，VA）刻画情绪从平静到焦虑的渐变，三维模型（Pleasare-Arousal-Dominance，PAD）增加支配性维度以区分愤怒（高支配性）与恐惧（低支配性）。实际应用中，离散情感模型提供情感类型基本框架，维度情感模型补充强度与混合特征，二者构成“分类—量化”双轨分析体系，例如心理辅导机器人通过 VA 坐标实时监测用户情绪转折点，动态调整干预策略。

2. 多模态感知：全维度情感信号捕捉

数字人需整合多源信息以实现精准情感识别。在文本分析中，大语言模型（Large Language Models，LLMs）结合情感词典与语义推理技术，解析显性情绪词（如“快乐”“沮丧”）及隐喻、反讽等复杂表达（如“这服务真是‘高效’”的负面语义）。视觉识别技术则依赖计算机视觉技术：基于 FACS 系统的面部动作单元（Action Unions，AUs）解析技术可区分真笑与假笑（眼周肌肉差异），骨骼追踪技术可捕捉肢体语言（如双臂交叉的防御姿态）。语音分析技术可通过声学特征（基频、能量）量化情绪强度（愤怒时基频升高 30%），并结合副语言信息（如焦虑患者的语速突变）来提升识别精度。此外，生理信号（如脑电 α 波抑制反应认知负荷、心率变异性预警心理应激）为深层情绪识别提供客观依据，但需平衡非侵入式传感技术的精度与用户体验。

3. 多模态融合：协同建模与场景适配

多模态融合通过时空一致性建模与动态知识整合实现情感智能的协同进化。层级化融合策略包括早期融合（原始数据拼接）、中期融合（跨模态注意力机制与特征空间对齐）、晚期融合（决策结果加权），分别适用于实验室高精度识别、教育机器人动态教学调整、电商客服满意度评估等场景。在医疗急救等场景中，系统会优先处理语音颤抖等关键信号，延迟分析肢体动作以降低计算负载；针对跨文化差异（如东亚用户的情感抑制倾向），动态调整模态权重（面部表情权重降低 20%，文本语义权重提升 15%）。此外，情境自适应引擎通过动态知识图谱（如在教育场景中关联知识点、引导问题）与记忆网络（如在医疗场景中记录抑郁症患者的“晨重暮轻”规律）实现个性化情感预测与响应。

4. 情感生成：动态反馈与跨文化表达

生成式情感计算是数字人实现共情交互的关键。文本生成技术通过 LLMs 情感向量嵌入技术调节句式结构（如在安慰场景中将疑问句占比提升至 35%），语音合成技术将 Valence 值映射为基频曲线（如将悲伤情绪基频下调 20Hz），表情动作生成技术则依赖肌肉运动单元插值算法实现微表情与语音能量的同步（如将眉毛微蹙幅度与声调匹配）。动态反馈机制需在 200ms 内完成“微表情识别→语音柔化→身体前倾”的全链路响应，并通过情感一致性校验（如 CLIP 模型评估多模态向量对齐度是否大于 0.85）避免表达失真。例如，在跨文化场景中，系统调用地域性表达规则库（如面对南欧用户时，手势幅度应增加 30%）实现文化适配，增强交互自然性。

（二）共情能力的实现路径：从技术模拟到认知跃迁

共情能力（Empathy）是指个体感知、理解他人情绪，并作出适应性反馈的能力。心理学研究将其拆解为情感性共情（感受他人情绪）与认知性共情（理解他人立场）的双向互动。对数字人而言，共情能力的构建是突破“工具理性”的关键。它要求技术系统不仅能识别面部表情、语音语调等多模态数据，还能结合文化背景、社交常识实现动态情感适配。如何让数字人从“理性工具”迈向“人性温度”，将是未来情感智能研究的核心命题。《报告》从理论基础，技术实现架构个性化表达三个维度阐释出情感智能的共情能力生成。

1. 理论基础：人类共情机制的神经科学与心理学解码

数字人共情能力的构建根植于对人类情感交互本质的深度解构。心理学领域的CASA（Computers As Social Actors）理论揭示了人类将具备社交线索的智能体视为交互对象的本能倾向。当数字人通过0.8秒的注视反馈、3—5次/分钟的自然点头频率等行为模拟人类社交特征时，用户的前额叶皮层会被激活，形成“社会在场感”的认知体验。这一机制在华为数字人的智能交互设计中得到了验证，其通过眼神接触与肢体语言优化，使用户的信任度提升了40%。

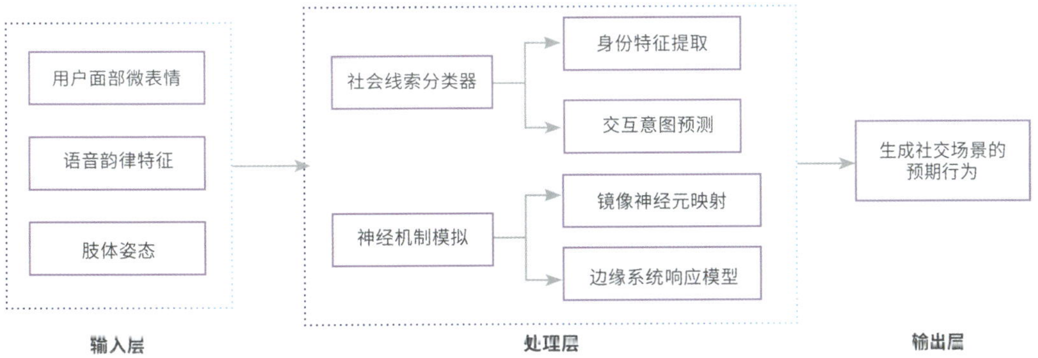

图 3-1　数字人共情能力生成机制

从神经科学视角看，模拟镜像神经元系统的是数字人实现意图推断的核心。该系统通过手势意图识别（准确率92%）、表情共情映射（如愤怒时皱眉幅度识别与语音能量同步）等技术，使数字人能够解码用户的非语言信号。例如，瑞立视数字人系统通过面部微表情捕捉技术，可识别用户嘴角0.2毫米的细微抽动，精准判断其情绪波动。同时，边缘系统模型实现了情感效价的快速分类（积极/消极情感判断延迟小于150ms），结合用户历史行为数据缓解逻辑矛盾。在孤独症干预场景中，这种技术可识别焦虑患者的回避话题倾向，动态调整对话策略。

2. 技术实现：人机共情三阶段闭环架构

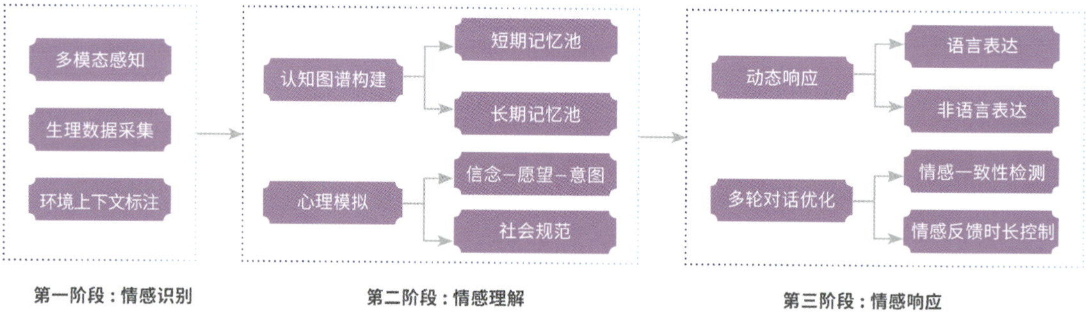

图 3-2　人机共情三阶段

（1）情感识别层：多模态印证与动态权重分配

数字人需整合文本、视觉、语音等多模态数据以实现精准情感捕捉。在文本分析中，大语言模型（如 GPT-4）结合情感词典与语义推理技术，解析显性情绪词及隐喻表达。例如，系统能识别“这服务真是‘高效’”中的反讽意图（准确率 78.3%）。视觉识别则依赖 FACS 系统解析面部动作单元，如真实微笑的判断标准为眼轮匝肌收缩持续 0.2 秒，而假笑仅激活颧大肌。华为数字人通过骨骼追踪技术，可捕捉双臂交叉的防御姿态（肩关节角度小于 45° 即被标记为焦虑信号）。

跨模态动态权重分配技术解决了文化差异带来的识别偏差。在东亚文化场景中，系统将面部表情权重降低 20%，文本语义权重提升 15%；而在医疗急救场景中，系统优先处理语音颤抖特征（基频波动大于 50Hz），延迟分析肢体动作以降低计算负载。

（2）情感理解层：认知建模双引擎

个体维度上，系统构建 MBTI 人格图谱与情感事件标记库。例如，针对 INTP 型用户偏好逻辑性回应的特点，数字人会降低情感修饰词使用频率，转而提供有数据支撑的解决方案。在社会文化维度上，系统基于霍夫斯泰德指数动态调节交互策略：在高权力距离文化中，敬语使用频率增加 40%，不确定性规避指数大于 80 时采用渐进式信息释放策略。

知识图谱的深度整合进一步强化了数字人的场景化理解能力。在临终关怀场景中，数字人通过关联医学知识图谱（如晚期癌症生存率数据）与心理学模型（Kübler-Ross“哀伤五阶段”理论），生成“共情—信息—支持”三元对话结构。当患者眼泪频率大于 2 次 / 分钟时，系统会自动启动语音基频下降 20Hz 的情绪安抚协议。

（3）情感响应层：生理同步与动态生成

生成式情感计算通过生理同步算法实现无意识情绪共振。当检测到用户处于激动状态（心率变异性小于 50ms）时，数字人眨眼频率从 12 次 / 分钟提升至 18 次 / 分钟，身体前倾角度与用户姿态保持 ±1° 误差范围内的镜像。语音合成层将 Valence 值映射为基频曲线，悲伤情绪下系统会将基频下调 20Hz，并使眉毛微蹙幅度与声调匹配。科大讯飞虚拟教师通过该技术，使课堂互动中的学生困惑解决率提升了 37%。

多模态协同生成技术通过 CLIP 模型进行情感一致性校验。系统要求“文本—表情—语音”的情感向量对齐度大于 0.85，避免出现“语音柔和但表情僵硬”的认知失调现象。在跨文化场景中，面对南欧用户的手势幅度扩展了 30%，而东亚用户的点头频率需与语音能量值呈非线性关系。

3. 个性化与文化适配：从机械反馈到人性化表达

（1）动态画像构建与记忆演进

数字人通过双层适配体系实现个性化解码：在群体维度，文化原型库预设基础交互模式（如集体主义文化中的家族关系可视化模型）；在个体维度，ECG（心电图）信号（心率变异性小于 50ms）触发实时调节机制。对于触觉敏感型孤独症儿童，当视觉刺激强度降低时，其互动时长从 2.3 分钟延长至 8.5 分钟。记忆网络持续记录用户情感模式，如抑郁症患者的“晨重暮轻”规律，生成分时段干预策略（早晨采用高唤醒度语音，夜间转为低频率安抚语音）。

（2）文化模因四维体系构建

“形、声、行、神”的模因体系本质上是将抽象文化要素转化为可计算的交互参数：

“形”之维：数字人的视觉呈现需承载文化认知符号。例如，针对某些文化，面部建模需遵循传统审美标准，同时需控制表情幅度在文化舒适区内。肢体动作库需集成文化特异性模因，如特定语境中的礼仪动作模型。

“声”之维：情感语音合成需突破音素层面的准确度，深入捕捉文化情感表达范式。在面对某些文化时，语调波动范围可以适当扩展，而在面对另一些文化时，语调波动需被控制在较小范围内。停顿节奏也需符合不同文化的对话惯例，以体现倾听或思考的意图。

“行”之维：交互协议引擎需整合文化行为脚本。在高语境文化中需建立隐含意图推理模块，从表面话语推导出潜在意图；在低语境文化中则需强化直接意图识别能力。

“神”之维：价值观对齐系统需构建伦理决策树。当面临个人隐私关怀与社会责任冲突时，不同文化倾向会触发不同的决策逻辑。该维度通过文化维度量化指标动态调整决策权重，确保数字人的行为符合特定文化背景下的伦理规范。

图 3-3　数字人文化模因的“四维”构建

（三）应用场景与效能评估

1. 核心场景分类

（1）教育领域：虚拟教师的情感化教学革命

虚拟教师通过多模态情感识别技术实现教学策略的动态调整。例如，客易云开发的虚拟教师系统采用自然语言处理（NLP）和情感识别技术，能够根据学生的语音基频波动（如是否大于30Hz）和微表情（如眼睑闭合频率是否大于0.5次/秒）实时调整教学节奏，帮助中小型教育机构降低人力成本，部分案例中客户服务效率提升了40%。中公教育联合商汤科技推出的虚拟讲师小鹿，依托专业内容知识库分析学员学习数据，实现全天候教学答疑，学生满意度提升了10%。英国的比阿特丽丝（Beatrice）数字教师项目通过个性化指导，计划到2030年为7.5亿学习者提供技能培训，展现了教育平权的潜力。

图 3-4 虚拟讲师小鹿

图 3-5 比阿特丽丝（Beatrice）数字教师项目

（2）医疗健康：从诊疗辅助到情感干预的范式突破

情感化数字人在心理干预和老年陪伴场景中表现突出。好心情健康研发的心理陪伴数字人心心和晴朗，通过情感映射和共情能力与老年人自然交流，缓解老年人的孤独感。日本软银集团的派博（Pepper）机器人通过情感识别和互动游戏，在英国和日本疗养院的临床测试中显著改善了老年人的心理健康，使老年人日均社交时长增加了1.8小时。此外，触觉机器人PARO通过多传感器融合，被证实可减轻患者压力并促进医患互动，成为心理治疗的重要辅助工具。

（3）商业服务：从流量转化到品牌IP塑造

数字人情感化技术显著提升了商业服务效率。科大讯飞智能客服在银行、物流等领域的应用据数显示，客户问题解决率提升了37%，人工培训周期缩短至3天。百度曦灵虚拟主播通过情感化话术与表情同步技术（CLIP相似度大于0.82），在直播场景中使CVR指标提升了50%。火山引擎数字人通过高精度唇形生成网络（准确率98.55%）和语音MOS值优化技术，实现了接近真人的交互自然度，成为电商流量转化的核心工具。

图 3-6　心理陪伴数字人心心

2. 数字人情感交互评估体系

（1）情感识别准确率

情感识别准确率是衡量数字人在情感交互过程中正确识别用户情感状态能力的重要指标，通常可以通过提取如 IEMOCAP、AffectNet 等情感数据库中的情感标签，在情感识别模型训练集上进行测试评估，将预测出的情感标签与真实情感标签进行对比，计算正确预测的比例；也可以测试多类别情感数据的综合识别准确率和平均准确率。但是，由于情感识别通常涵盖语音、文本、面部表情或生理信号等多个维度的数据，以及系统对跨文化、跨种族、跨语境、跨性别等不同情感表现的综合分析，因此情感识别准确率通常要搭配召回率、F1 分数等指标，才能全面评估算法或系统在情感识别方面的性能。

（2）用户满意度

用户满意度（Net Promoter Score，NPS）又叫净推荐值，最早由贝恩咨询公司客户忠诚度业务创始人弗雷德・赖克哈尔德（Fred Reichheld）提出。NPS 计算的是用户中推荐者的百分比与贬损者的百分比之间的差额，这一差额指标被用来衡量用户的忠诚度和满意度。NPS 不“纠结”于测量用户们难以把握的情绪感受，转而关注倾向性更明显的推荐意愿，相比于单纯的满意度分析，也许用户的推荐意愿更能说明他们内心对产品满意与否，这种测量指标更易被测量也更加直观，可以帮助预测产品的迭代趋势。目前，完全针对数字人情感化发展的 NPS 评估较为欠缺，对数字人应用的用户满意度评估主要从以下两个维度展开：一是数字人平台在各类商业领域内的接受度，这一数据说明了数字人应用的市场认可度。例如，曦灵数字人在 18 家头部银行覆盖率达 50%，且客户反馈的产品复购率高，侧面说明了曦灵数字人在该场景下的用户接受度高。二是用户在数字人应用实际场景中的消费能力和满意度。例如，京东健康的数字医生为用户提供的就医服务的满意度高达91%，这一数据更直观地表明了实际用户对数字人服务的反馈。

（3）交互自然度评分

交互自然度评分是衡量数字人在进行情感交互时，是否符合人类日常行为习惯的重要评价指标，包括对数字人在语音、表情、动作、逻辑等方面自然性感知的交互程度，反映了用户在与数字人交流时的交互流畅性和体验真实性。通常会用主观评分和客观测量相结合的方式对交互自然度进行评估。主观评估通常由用户或专家通过问卷、评分表或访谈等方式，对数字人的交互自然度进行评价。例如，清华大学《2022虚拟数字人综合评估指数报告》中对数字人的综合评估有肉身（技术）、社身（社会）、具身（功能）三个一级指标和93个细分指标，专家也参与了评估。客观测量则通过计算机视觉、语音分析和行为数据分析等技术，从客观数据中量化交互自然度。例如，商汤科技旗下的如影平台通过对海量真人基础数据的有效学习，测试出其数字人的真人相似度达90%—95%，口型匹配度达95%；又如，火山引擎通过测试语音平均意见分数（Mean Opinion Score，MOS）来评估其数字人的自然表现力。

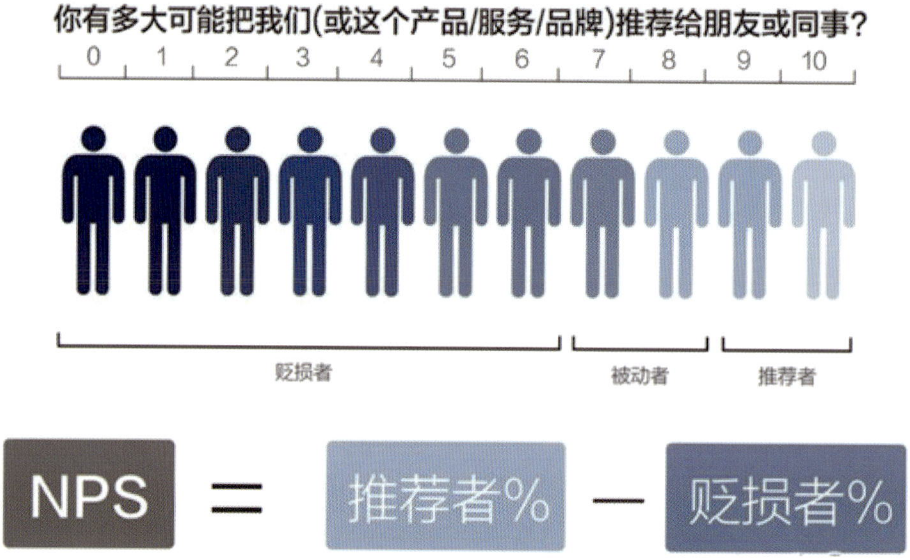

图3-7　数字人情感化的用户满意度模型示意图

（四）挑战与未来方向

1. 技术瓶颈与伦理风险

（1）多模态数据协同难题：时间同步性不足导致的共情失真

多模态情感计算的核心挑战在于如何有效整合文本、语音、面部表情、生理信号等多源异构数据。尽管特征级融合（如拼接或加权）和模型级融合（如注意力机制）已取得一定进展，但不同模态数据的时间同步性不足仍会导致共情失真。例如，语音信号与面部表情的微秒级延迟可能使情感识别模型误判情绪状态，尤其是在高动态交互场景（如实时对话）中。此外，生理信号（如脑电、心率）与行为数据的采样频率差异（如脑电信号的高频采样与表情识别的低频捕捉）进一步加剧了融合复杂性。研究显示，现有技术对时间对齐误差的容忍度不足，导致跨模态关联建模效率低下，尤其是在噪声环境下（如背景杂音干扰语音识别），模型鲁棒性显著下降。然而，如果各模态严格对齐，模型会对时间依赖过于敏感，一旦某一模态数据缺失或不可靠，性能便会急剧下降。“共情失真”现象也可能出现，即机器模拟的情感共情因模态失配或理解偏差而显得不真诚，用户感觉 AI 的共情不可信，甚至会引发不安。

（2）个性化适配局限：个体差异与文化背景的模型泛化能力不足

情感计算的个性化适配面临着两大障碍：一是生理与行为特征的个体差异，如不同个体在表现同一面部表情时的肌肉运动幅度可能相差 30% 以上；二是文化背景对情感表达的深层影响，如东亚文化中的“压抑性微笑”与西方文化中的“开放性喜悦”在语义方面的差异。现有模型多基于欧美数据集训练，导致它们在跨文化场景中的识别准确率普遍降低 15%—20%。此外，情感标签的主观性（如“愤怒”与“焦虑”的模糊性）加剧了标注偏差。尽管迁移学习和元学习被用于提升模型的泛化能力，但数据稀缺性和计算成本限制了其实际应用。因此，需要探索跨个体差异的自适应技术，使模型既能学习普遍情感模式，又能根据用户特征进行调整。

（3）伦理框架缺失：情感数据滥用风险与“恐怖谷效应”的心理排斥

情感智能大量依赖对用户情绪数据的收集与分析，这带来了隐私和滥用方面的隐患。情感数据高度敏感，可反映内心状态，用户对其泄露隐私的担忧程度往往高于一般个人数据。如果情感数据被滥用，可能会用于操纵用户行为（例如利用实时情绪引导消费者购买更昂贵的商品）或在决策中对某些群体不利。此外，算法偏见也是重大风险：如果训练数据在种族、性别、年龄上分布不均，那它对少数群体的情感识别准确率会显著降低。这些偏差可能导致不公平，加剧社会不平等。在情感交互中，如果 AI 对情绪的表达过于逼真却稍显不自然，用户的情感共鸣反而会骤降。例如，当语音助理用类似人的语气安慰用户时往往适得其反——用户对机器的安慰并不买账，甚至会因为机器尝试“理解”自己的情绪而更加恼火。避免“恐怖谷效应”的策略包括：保持适度的拟人化（不要让 AI 在外表或情感表达上过于逼近真人）、确保多模态表现协调一致，以及在设计交互时尽量避免 AI 自称理解用户情绪，而以提供帮助为主。应注意只有在情感回应完全准确且恰当时才考虑引入深度共情，否则宁可让系统明确地“像个机器”以避免用户反感。

2. 未来技术趋势

（1）跨学科理论融合：心理学与认知神经科学的算法优化

情感智能的发展受益于心理学和认知神经科学等领域的理论支持。例如，心理学上的情绪模型（如认知评估理论、基本情绪理论）为算法提供了情绪表示和归因框架，帮助算法理解情绪产生的上下文因素。认知神经科学领域的大量研究揭示了情绪与大脑活动的对应关系，利用脑电波（EEG）等信号可以更直接地捕捉情绪状态。个性化方面，引入人格模型（如 MBTI 或“大五”人格）可让情感智能系统针对不同人格类型调整策略。例如，研究发现，用户的性格会影响其情感交互偏好：外向者往往在与外向型机器人互动时更投入，内向者则可能偏好不同的反馈方式。因此，将人格特质纳入情感计算，有望提高情绪识别的准确性和交互的舒适度，真正实现“因人而异”的情感智能。

（2）脑机接口与情感闭环：结合脑电信号实现实时情感反馈

将脑机接口技术应用于情感计算是前沿趋势之一。通过非侵入式 EEG 等手段直接采集大脑信号，系统能够更客观地识别用户的情绪变化。相比外部行为，大脑信号更难伪装，因而提供了反映情绪状态的可靠信息。最新研究已初步实现情感闭环系统，例如利用实时 EEG 信号生成相应情绪风格的音乐，以缓解用户压力或增强特定情绪。在这些闭环系统中，用户的脑信号被持续监测，情感算法即时判断其情绪状态，并驱动反馈装置（如音乐、灯光、可穿戴设备刺激等）做出响应调节，从而形成自动的情绪调节回路。这种“人脑—机器—环境”的情感闭环交互在医疗康复（情绪障碍干预）、教育训练（专注度提升）等领域展现出可行性。随着干电极 EEG、功能近红外（fNIRS）等更便捷的脑信号采集技术的发展，情感 BCI 有望走向日常应用，实现真正的实时情绪感知与反馈。

（3）标准化与开源生态：情感计算工具链的开放共享

为推动情感智能技术更广泛的研发和应用，学界和业界正致力于构建标准化、开源的情感计算工具链。首先，在数据层面，越来越多的公共情感数据库被建立并开放，例如面向表情识别的 Aff-Wild、面向音频情感的 RAVDESS，以及多模态情感数据库 DEAP 等。这些标准数据集为算法提供了统一的训练和评测基准，鼓励行业对算法性能进行客观对比。其次，在算法和工具层面，出现了许多开源库和框架：如用于语音情感分析的 OpenSMILE 工具包、用于面部表情和动作单元识别的 OpenFace 库，以及针对生理信号情感分析的开源 Python 工具集等。最后，情感计算相关的评测指标和接口协议也在进行标准化探索，例如定义统一的情感标签体系和标注格式，推动不同系统间的互通性。完善的开源生态和标准将大大加快研究进程：开发者可以方便地复现和比较算法，企业也能基于成熟工具快速集成情感智能功能，从而建立良性循环，推动情感计算从实验走向产业应用。

小结：从“功能体”到“生命体”的跨越

情感能力是数字人实现社会化的核心“入场券”。当前技术正在从单一功能转向复合情感交互，但真正的“生命体”须具备情感自适应与价值观演化能力。可以预见，情感智能将成为未来所有以人为中心的智能系统的标配能力，在人机交互中发挥润滑剂的作用，使人与机器的关系更加和谐共生。需要强调的是，这种共生并非让机器伪装成人类，而是让机器以人类可接受的方式展现对人需求和感受的体谅，从而建立起协同进化的默契。情感智能正是这一默契形成的关键要素。

技术伦理与人文价值的协同进化是下一阶段的关键。一方面，需建立“情感数据主权”框架，明确用户对自身神经信号、微表情等生物数据的控制权；另一方面，需避免技术异化，例如防止情感计算沦为操纵工具。总而言之，未来数字人将沿着情感智能的方向演进，涌现前所未有的新形态和新能力。只有持续关注技术伦理与人文价值的均衡发展，情感智能与数字人技术才能实现跨越式升级，为人机共生与协同进化铺平道路。

4 数字资产篇

DIGITAL ASSETS

当数字人从工具演变为具有独立商业价值的数字生命体，当数字艺术资产超越静态收藏升维为动态生产要素时，两者的深度融合就触发了一场商业生态的底层重构。

国际数据中心（International Data Corporation，IDC）数据显示，2025 年全球数字经济规模将突破 23 万亿美元，而在这场价值迁移中，数字人与数字艺术资产的协同进化或将催生新“人”种：AI 虚拟策展人运营链上艺术生态、数字人设计师驱动 3D 资产实时生成、元宇宙品牌以智能分身矩阵管理动态资产库——这些看似科幻的场景，实为技术聚变与商业逻辑迭代的必然产物。

本篇以“技术—商业”视角切入，解析 AIGC、区块链与扩展现实等技术集群如何重塑数字资产价值链，揭示数字人作为“交互式数字资产载体”与数字艺术资产的融合机制。在虚实边界消融的进程中，商业生态正经历从“流量争夺”到“数字资产运营”的范式跃迁，这种变革不仅重构了创意生产、资产确权与价值衍生的逻辑，更将催生未来十年数字经济的新增长范式。

（一）数字人与“数字资产”的融合趋势

1. 市场动因：技术迭代与需求升级的双重牵引

数字人与数字艺术资产的深度融合，本质上是数字经济从“流量运营”向“资产运营”跃迁的必然结果。这一进程由企业需求、个人消费升级、产业集聚效应与数字资产市场爆发共同驱动，形成了“技术—商业”的闭环逻辑。

在企业场景中，头部企业正将数字人从“营销工具”重构为“战略性数字资产”，探索其在数据沉淀、服务迭代与品牌价值中的长期价值。例如，中信百信银行虚拟员工 AIYA 不仅承担智能客服职能，更通过用户交互数据持续训练金融行为模型，形成可复用的智能服务模块。中国互联网协会发布的《中国数字人发展报告（2024）》预测，2025 年，中国数字人核心市场规模将突破 400 亿元，带动产业规模超 6000 亿元，其中金融、工业等高附加值领域将成为主要应用场景。企业端的核心诉求在于通过数字人实现“服务标准化 + 数据资产化”的双重目标，推动实现降本增效与创新增值的平衡。

在个人消费场景中，C 端用户需求正从“被动接受”转向“数字资产共创”。各类主播可通过 AIGC 生成千人千面的直播内容，将用户偏好数据转化为可交易的数字资产包；数字人博主则可通过人格化 IP 聚合粉丝社交资产，形成跨平台的数字身份价值网络。这种以数字人为载体的“数据—资产—收益”闭环，标志着个性化服务从“长尾经济”向“规模经济”的转型。

与此同时，区域产业集群成为“技术—市场”协同的关键枢纽。北京数字人基地通过政策牵引，已吸引超 170 家企业入驻，形成了从 3D 建模、AI 驱动到场景落地的全链条生态；深圳则依托硬件制造优势，推动数字人终端与数字艺术资产的软硬一体化创新，两地数字人相关专利年增长率接近 60%。产业集聚不仅降低了技术商业化成本，更通过标准化建设（如工信部主导的数字人分级标准）加快了跨行业渗透。

数字资产正突破“虚拟商品”边界，向动态化、可编程的生产要素演进。2024 年，全球非同质化代币（Non-Fungible Token，NFT）交易额达 317 亿美元，其中数字艺术类占比 35%（约 111 亿美元），中国市场以鲸探、幻核等平台贡献了超 126 亿元交易额。值得关注的是，数字艺术资产展现出跨场景复用潜力：腾讯将敦煌壁画数字藏品转化为游戏场景资产，哔哩哔哩虚拟主播的直播切片被开发为 AI 训练数据集，标志着其从“文化符号”向“技术基建”的转型。

数字人与数字资产的交汇点在于“交互协议 + 动态资产”的化学反应。例如，虚拟偶像洛天依与欧莱雅合作推出限量数字口红，用户可通过数字分身试色并一键购买实体商品，形成“虚拟体验—实体消费”闭环；Decentraland 中虚拟地产与数字人 IP 结合，构建沉浸式交易场景，单笔成交价最高达 240 万美元。这种融合不仅催生了年规模超千亿元的新市场，更孵化着“数字资产全生命周期运营商”——通过 AIGC 生成、区块链确权、虚拟场景部署与用户共创，实现资产价值的指数级衍生。

2. 技术动因：融合的底层支撑体系

数字人与数字艺术资产的深度融合，本质上是由技术集群的协同演进驱动的系统性变革。从数字人的智能跃迁到区块链构建的价值协议，从人机协作的范式迁移到生产关系的链上重构，技术动因不仅为融合提供了底层支撑，更重新定义了数字经济的运行规则。

数字人技术已从“形似”迈向“神至”，形成了覆盖建模、驱动、交互的全栈能力体系。建模层的革新最为显著：基于神经辐射场（NeRF）的实时3D重建技术，将传统需数周的高精度建模压缩至分钟级，建模效率提升90%以上。驱动层依托多模态AI实现情感化表达，商汤科技SenseMARS Avatar通过微表情捕捉与语音情感分析技术的联动，使数字人眼神误差控制在0.1秒内，达到人类自然对话的流畅度。交互层的突破则源于大语言模型与知识图谱的融合，小冰框架接入2000多个垂直行业知识库后，其数字人客服的意图识别准确率提升至92.7%。技术成熟度的质变推动应用规模化落地——Gartner数据显示，2024年，全球80%的头部企业已将数字人系统纳入核心运营流程，技术成熟度进入“实质生产高峰期”。

区块链技术通过构建“确权—流通—衍生”三位一体的协议体系，成为数字资产商业化的核心基建。在确权维度，NFT技术为数字艺术品赋予具有唯一性的数字指纹；蚂蚁链为敦煌壁画开发的“一物一码一合约”确权系统，使侵权监测效率提升90%。流通维度的智能化改造更为深刻：OpenSea平台引入的智能合约版税分成系统，确保艺术家在每次二级市场交易中自动获取交易金额10%的收益，2024年该机制使数字艺术创作者收入同比增长214%。在价值衍生维度，动态NFT（dNFT）技术推动资产属性实时进化，Gucci与Roblox合作设计的虚拟手袋，纹理可根据用户社交数据动态变化，二手市场溢价率突破300%。值得关注的是，区块链正在从“交易工具”升级为“价值协议”——腾讯至信链推出的数字资产跨链协议，已支持12条公链资产在元宇宙场景的无损流转，交易摩擦成本降低67%。

数字人与数字资产的结合，标志着人类生产力从“生物脑主导”向“人机共生”转变的范式革命。这一进程包含三重重构：

第一，生产要素升级。数字人作为“AI代理”接管高附加值环节，Midjourney（人工智能图像生成器公司）通过提示词工程自动生成数字服装设计稿，效率较人类设计师大幅提升；虚拟策展人Artie运用强化学习算法优化NFT画廊布局，使用户停留时长增加40%。

第二，协作模式进化。人类负责规则设计，AI驱动执行。腾讯AI Lab的数字人星瞳与艺术家共创动态NFT《元生》，其视觉元素随用户交互数据进化，最终以82万元拍卖价成交，按照智能合约的规则，70%收益将用于反哺创作者生态。

第三，生产关系变革。去中心化自治组织（Decentralized Autonomous Organization，DAO）通过链上治理重构分配逻辑，小红书“R-Space”数字艺术社区中，用户与AI共同创作的作品销售收入按贡献度自动分配，其中AI算法作为“数字员工”获得15%的固定收益权份额。

当数字人成为AI能力的具象载体，当区块链构建可信的价值交换网络时，技术集群的融合实质上就是数字文明基础协议的重构。这种重构使数字资产从“可交易对象”升维为“可编程生产要素”——在Unity引擎中，数字艺术品的3D模型可被拆解为标准化组件，通过AI重组生成新资产；

在以太坊虚拟机（EVM）上，数字人行为数据能转化为 DeFi 协议的信用凭证。据世界经济论坛预测，到 2027 年，由数字人与数字资产驱动的“协议经济”将贡献全球数字经济增量的 35%，标志着人类正式进入“人机共治”的新商业纪元。

（二）生产范式变革与新商业生态

当前，以多模态 AI 数字人为载体的个性化规模经济正在快速实现商业闭环。AI 数字人与数字资产融合的本质，是将人类智能与机器智能融合为可组合、可交易的经济因子。当生产力定义从“人类劳动”变为“有 AI 驱动的人机协作”，当数字人成为智能体资产并与数字资产深度融合时，未来商业生态的范式也将随之重塑。

1. 商业生态的范式变革

（1）从“人类劳动”到“人机协作”的生产力重构

AI 技术的飞速发展使数字人逐步取代传统劳动角色。2025 年，人机协作模式已成为主流生产范式，大量企业引入数字员工以提高生产效率和降低成本。例如，金融机构利用智能客服数字人，实现全天候客户服务，降低 50% 以上的人力成本。制造业企业广泛应用数字员工完成复杂场景操作，使生产线实现 24 小时连续运营，显著提升效率。人机协作的生产力重构，使企业从传统的劳动密集型转变为智能驱动型，深刻改变了劳动力市场与组织管理模式。

（2）“数字人＋数字资产驱动”的个性化规模经济

个性化规模经济是数字人和数字资产结合后形成的重要新兴经济模式。以创作者经济为例，低门槛的 AIGC 生成工具催生了内容创作的大规模爆发，大量个人创作者以极低成本快速生产定制化内容，满足不同受众需求，实现大规模的个性化供给。在服务领域，教育行业的 AI 导师以及金融行业的智能投顾为用户提供定制化、精准化的服务方案，满足“千人千面”的需求，体现了个性化服务大规模扩张的典型特征。这种模式既兼顾规模效应，又突出个性化体验，有效满足了数字经济时代用户的多元化需求。

（3）数字资产的流通与交易如何改变商业生态的运行逻辑

数字资产的出现极大地推动了商业生态的变革。以区块链为代表的技术，推动数字资产（如 NFT、数字版权、虚拟地产）流通与交易的标准化、便捷化和高效化。用户通过数字资产交易平台进行直接交易，突破传统中介限制，使资产流通更为顺畅。例如，文创产品通过 NFT 交易实现 IP 价值快速变现；虚拟地产资产以数字藏品方式进行确权和流通，为元宇宙时代虚拟经济提供底层支撑。数字资产自由交易机制的建立，促使商业生态由单一的“产品—用户”模式向更加复杂的价值共创网络转变，数字经济进入资产化运营的新阶段。

（4）数字资产与数字人融合后的新型经济体

数字人与数字资产的融合正在催生出一种前所未有的新经济体模式。在这个新型经济体中，数字人不仅是价值创造的主体，更是数字资产的载体，能够与资产交易市场形成良性互动。例如，虚拟偶像基于自身 IP 创造大量数字资产（数字音乐、视频、服装 NFT），并通过粉丝社群完成资产流通和价值变现；游戏产业则依靠 AI 数字 NPC 和游戏资产化（NFT 道具），实现虚拟经济生态闭环。在这种新型经济体下，人机智能共创价值，虚拟与现实经济交互融合，未来数字经济发展潜力巨大。

2. 新商业生态格局

（1）个性化规模经济

创作者经济：低门槛生成工具推动用户生成内容（User Generated Content，UGC）爆发。创作者经济正在成为数字时代的重要经济支柱之一。得益于AI生成工具门槛的大幅降低，普通用户可快速创作海量内容，实现全民内容创作。短视频平台、社交媒体上的UGC井喷式增长，带动平台流量快速变现。例如，b站的UP主依靠数字工具高效生产内容，成为平台上高活跃度的创作群体，创造了巨大的经济价值，形成了典型的个性化规模经济范式。

千人千面服务：教育领域AI导师、金融智能投顾。教育领域大量引入AI数字导师，可为不同学生提供个性化教学方案，满足学生个性化学习需求，极大地提高了教育效率和精准性；金融领域的智能投顾为不同用户精准匹配投资策略，形成规模化、个性定制模式的金融服务。数字人的参与有效降低了服务成本，使千人千面服务实现规模化，广泛满足了差异化需求。

（2）智能体资产运营

数字员工生命周期管理：创建、训练、复用与迭代。企业通过系统化方式管理数字员工生命周期，从数字员工的初始创建、持续训练到多场景复用及持续迭代优化，形成标准化管理流程。招商银行的数字客服体系便是一个典型案例，数字员工在长期运营中不断学习和提升，服务质量稳步提高，客户满意度显著增加，数字员工成为企业重要智能资产。

IP衍生经济：虚拟偶像代言、数字服装NFT销售。虚拟偶像成为IP经济的重要载体，通过虚拟演唱会、品牌代言和周边商品发行实现IP变现。例如，虚拟偶像A-SOUL在品牌代言与游戏合作中创造大量IP收益，带动数字资产的蓬勃发展；时尚品牌推出的数字服装NFT，更是为虚拟时尚经济带来了全新的变现渠道。

（3）跨界融合案例

游戏领域：NPC数字人增强沉浸感，道具资产化。数字技术赋能游戏领域，使得游戏中的NPC具有强交互性与高智能化，玩家体验得到极大提升。此外，游戏道具数字资产化（游戏道具NFT）更实现了游戏内外的资产流通与价值兑现，帮助构建了成熟的虚拟经济生态体系。

时尚领域：AI设计数字服装，NFT实现直接交易。AI驱动的数字服装设计以NFT形式直接进行线上销售，用户通过NFT进行数字服装购买和收藏，虚拟服装成为时尚界的热门趋势。李宁、Prada等国内外知名品牌均积极尝试数字服装NFT营销，打开虚拟时尚的全新商业模式。例如，中国李宁使用无聊猿作为快闪店主租人，目前已推出了T恤、棒球帽等产品。

（三）AIGC与“数字艺术资产”的创新运营

当前，数字艺术资产的共享与共创实践正成为行业发展的前沿趋势。以中央广播电视总台文化艺术博物馆和中科趋势（北京）科技服务有限公司共同推出的“央艺数”AI数字艺术资产平台为例，该平台被定位为AI技术与艺术深度融合的下一代价值枢纽，致力于推动全球范围内数字艺术资产的共享和共创运营。

“央艺数”平台汇聚了全球顶尖的AI创作者、数字艺术家和数字人IP资源，通过与中国版权链深度合作，为平台上的每一份作品提供国家级区块链存证与智能侵权监测技术支持，确保所有数字资产产权明晰、流通可溯源、价值可信任。

图4-1　首个全国AI数字艺术资产运营平台“央艺数”

基于当前数字创作生态的快速变革，AI创作者经济将快速成型。2024年被广泛定义为“全面拥抱人工智能”的元年，AIGC技术快速发展，大规模降低了创作门槛，加速了内容创作由传统的PGC向全民性的UGC的全面转型。据中国互联网络信息中心统计，截至2024年年初，已有超过2.49亿人尝试使用各类AIGC产品。这种趋势表明，创作工具的智能化使内容创作变得更加普及与便捷，极大地激活了个体创作者的生产力。

预计到2025年，“AI创作者生态”将迎来大规模爆发，从选题策划、需求分析，到内容生产，乃至营销分发与数据分析，AIGC技术将贯穿整个创作流程，成为创作者的重要全能助手，极大地促进创作者经济规模扩张。据高盛最新预测，全球创作者经济市场规模到2027年将达到4800亿美元，科技与文化深度融合也将成为实现文化强国战略的重要途径之一。

1.“数字人 + 数字资产”的全链路开发模式

伴随数字经济的不断深化发展，以 AI 数字人为核心的 IP 开发模式正在加速向全产业链的 IP 开发模式转变。传统数字人 IP 往往局限于单一的内容输出形式，而随着数字经济深化发展，数字人 IP 逐渐形成了涵盖 IP 授权、内容创作、商业衍生和数字商品开发的完整产业链条，最终实现了数字资产生态的闭环运营。

以虚拟偶像和虚拟主播为典型代表，这一趋势表现得尤为明显。例如，字节跳动旗下的虚拟偶像组合 A-SOUL，从最初通过短视频和直播建立初始人设、积累粉丝基础，到业务逐渐延伸至游戏联动、品牌代言、数字演唱会、数字藏品开发及销售等多个领域，实现了多维度商业变现和 IP 价值持续提升。此外，虚拟主播广泛参与直播带货、品牌植入和虚拟商品推介，通过与粉丝的深度互动，形成稳定的流量入口和商业转化路径，带动相关数字商品（如数字服饰、周边 NFT）的快速发展，拓展了全新的经济场景。

数字人 IP 的全链路开发离不开强大的产业链协作，各环节相互支撑，内容创作者与平台运营方、商业合作方共同发力，才能实现资源共享和价值协同。在这一过程中，数字人形象逐步资产化、内容逐步模块化、版权逐步标准化，推动了产业内生态建设和 IP 规模化复制，最终指向数字人 IP 的长期生命力与持续增值效应。这种生态模式将为产业链相关方带来长期的稳定收益，也将为数字经济发展注入新的动力。

2. 共享与共创模式在数字资产领域的应用

（1）数字资产共享经济的概念与模式

随着数字经济的不断深入发展，以数据、算法模型等数字资产为核心的共享经济模式正在逐步取代传统的实体资源共享经济。数字资产共享经济以平台模式为核心，通过数字资产交易平台，实现数据资源、AI 算法模型、算力资源等数字资产的租赁与共享。平台通过智能匹配和动态定价的方式，使需求方可以根据使用需求和使用量付费，有效提升了资源的使用效率，并显著降低了企业和个人在数字资源上的投入成本。例如，企业通过租赁平台可以快速获取训练所需的数据集与模型，而无须高成本自建或长期持有模型。

在共享模式落地的过程中，区块链技术发挥了重要作用。基于区块链的智能合约技术使数字资产的产权界定更加清晰、流通效率更高，资产的流转全过程是可溯源且不可篡改的。这有效解决了数字资产共享中普遍存在的信任与交易效率问题。例如，国内多家数据交易所依托区块链技术实现了资产确权与流通的全程透明化，有效提升了交易的安全性与效率。

（2）数字资产的共创模式

数字资产的共创模式是数字经济中的另一重要趋势，尤其是在数字艺术、虚拟商品领域被广泛应用。共创模式鼓励用户深度参与数字资产的创作、开发、运营与增值过程，打破了传统创作领域中创作者和消费者之间的界限。用户在参与创作的同时，可以按照贡献比例共享经济收益。

这种共创模式的顺利实施，离不开区块链技术和智能合约的支撑。智能合约清晰地界定了每个参与者的贡献度，并根据贡献比例自动分配收益，有效提升了共创过程的公平性与透明度。在数字艺术领域，已有多个成功的共创 DAO 案例，例如国际知名的数字艺术社区“Art Blocks”，通过用户

投票与协作的方式，鼓励社区用户共同完成数字艺术作品的创作与价值提升，形成了积极的社区经济效应和可持续的资产增值模式

小结：AI 数字人与数字资产融合驱动商业生态革命

AI 数字人与数字艺术资产的深度融合，正在触发一场从“工具革命”到“生态革命”的范式跃迁。

企业端加速构建智能体资产池，蚂蚁链“数字分身工厂”实现数字人矩阵与区块链资产的全生命周期联动，验证了智能体从“成本项”向“资产项”的转型逻辑；个人用户则借力 AIGC 工具与 DAO 治理机制，从数据贡献者蜕变为数字资产共建者；技术底座层面，多模态 AI 与区块链的深度耦合构建了可信基础设施，如蚂蚁链“物码合约”机制将数字艺术品侵权监测效率提升 90%，而 Gucci 虚拟手袋实现的 300% 二手溢价，则揭示了可编程资产的商业潜力；政策创新同步推进，如北京数字人基地对监管沙盒试点的探索、数字资产分类标准的加速制定，以及 RCEP 框架下的跨境规则协同，共同勾勒出“可用、可靠、可知、可控”的生态治理蓝图。

这场变革的本质，是数字文明从“人类中心”向“人机共治”的演进。当数字人成为可编程生产要素的载体，当区块链构建起价值流转的信任协议时，商业生态的竞争维度就已从技术单点突破转向生态协议构建，智能体协同创造、资产链上流通、用户共治生态的新商业纪元已然开启。

5 应用篇

APPLICATION

2024年，数字人的应用场景不断拓展，从功能应用迈向了更具深度的生命形态探索。除了已有的电商、媒体、教育、医疗等行业，新兴应用场景逐渐崭露头角。其中，数字永生、虚拟恋人成为广受关注的创新方向，同时，AI心理疗愈、元宇宙社交NPC等也正在探索新的商业模式。

数字永生：AI驱动的个人记忆存储与复刻

数字永生（Digital Immortality）概念指的是利用AI和大数据技术，记录、存储、学习个人的语言、行为、记忆，最终创建一个可长期存在并可交互的数字人格。这一概念已经在欧美、日本等市场逐步发展，中国市场也有企业正在探索相关应用。在脑机接口技术突破与大语言模型迭代的双重驱动下，数字永生的科幻概念正在加速落地。据麦肯锡公司预测，到2030年，全球数字永生市场规模将突破400亿美元，年复合增长率将达到27%。

当前技术应用已形成三大生态圈层。最内层是个人记忆银行，通过API接口自动同步社交媒体、云存储数据，结合NLP技术进行情感分析和语义建模，如谷歌“记忆胶囊”项目已实现对用户十年数据的智能归档，生成可交互的时间轴图谱，并提供记忆增强功能，AI可自动补全模糊记忆片段的时空坐标；中间层是情感代偿系统，麻省理工学院（MIT）研发的情感神经渲染技术可通过微表情生成近似人类的情感反馈，国外将其用于创伤后应激障碍治疗；最外层是知识传承矩阵，电气电子工程师学会（IEEE），正在制定历史人物数字化的伦理规范，要求数字复现必须通过至少三个独立数据源的验证。

虚拟恋人：情感陪伴与AI互动

随着AI技术持续突破，虚拟恋人服务已实现市场化运营。这项融合语音合成、情感计算与虚拟形象生成的创新技术，通过构建沉浸式数字伴侣生态，正在创造一个规模超千亿元的新兴市场。基于大语言模型与情感计算技术的融合，虚拟伴侣能够提供超越传统聊天机器人的情感交互体验：它可以通过语义分析捕捉用户的情绪波动，运用心理学原理进行情感疏导，甚至模拟真实恋爱关系中的互动模式。在上海稀宇科技有限公司开发的“星野”App中，这项技术能力得到了淋漓尽致的展现，其搭载的情感响应引擎能够实时生成符合场景的共情对话，在情人节创造了单日1.2亿次交互的纪录。

面对技术加持下蓬勃发展的数字人市场，除了功能创新、应用场景拓展外，数字人商业模式的创新也是推动市场发展的关键因素。订阅制与道具经济的结合构建了可持续的盈利模型：用户每月订购即可解锁高级互动功能，而虚拟时装、场景道具等数字商品则形成了完整的虚拟消费生态。值得关注的是，增值服务市场正在催生新的增长点——通过AI合成语音技术实现的实时变声通话，以及基于虚拟现实技术构建的虚拟约会场景，这些服务的客单价较基础服务提升了300%以上。在北美市场，Replika AI凭借其独特的情感成长系统，已积累超过800万名付费用户，其AR互动功能更创造了单日12万美元的收入峰值。

（一）数字人产业图谱

上游（产业基础）

软件 + 硬件	PGC+UGC工具				设备及系统	
道具、表情、道具等捕捉技术	UE	Unity	Stable Diffusion	可灵	Pico	Meta
XR设备、全息投影	海螺AI	Vidu	即梦	腾讯智影	虚拟动点	DeepMotion
3D扫描、建模及渲染软件	讯飞智作	硅基智能	魔珐有言	百度智能云曦灵	Faceware	VRTRIX
AIGC工具	剪映	D-ID	飞影数字人	蝉镜	VDSuit Full	Noitom
芯片、传感器	MetaMaker Studio					

中游（产业加速器）

技术解决方案及服务平台			运营解决方案及服务平台		
商汤如影	世优科技	数字栩生	创壹科技	蓝色宇宙	三七互娱
凡拓数创	中国联通	中国移动	元圆科技	天娱数科	咪咕
智谱AI	央视网	小冰	vsinger	数字王国	原力数字科技
猎户星空	中科深智	拟仁智能	阅文集团	燃麦科技	迈吉克科技
字节跳动	百度智能云曦灵	魔珐科技	趋势中科		

下游（产业应用）

商用 →	民用					
金融行业	制造行业	中国中央电视台	北京广播电视台	中央广播电视总台	央视频	央视网
传媒行业	医疗行业	人民日报	海峡都市报	新华社	川观新闻	湖南卫视
法律行业	影视娱乐行业	网易游戏	腾讯游戏	中国工商银行	中国光大银行	中信百信银行
文旅行业	电商行业	中国平安	中国能建	腾讯	华为	阿里巴巴
游戏行业	其他行业	小米	抖音	快手	哔哩哔哩	爱奇艺
		淘宝	京东	伊利	肯德基	麦当劳
		欧莱雅	花西子	屈臣氏	清华大学	中国传媒大学

资本方					
百度	银杏谷资本	英派斯	字节跳动	网易	小米
科大讯飞	IDG资本	红杉资本	粤科金融集团	米哈游	

政策与安全

图 5-1　国内数字人上中下游产业图谱

（二）重点场景应用与案例

电商及直播场景

2024年8月，商务部发布的《关于开展商业技术应用创新中心建设的通知》提出，突出智能化方向，推动人工智能技术与商贸流通、新型消费等深度融合，打造数字生活、智慧商圈、AI电商等人工智能典型应用场景。至此，数字人直播已历经多个阶段，早期以简单的虚拟偶像形象在特定领域亮相，受限于技术，形象与交互相对粗糙。随着技术不断升级，AI与CG融合突破，推动了数字人直播走向大众，其应用领域从娱乐拓展至电商、教育等多个行业，迎来爆发式增长。2024年，数字人在电商及直播领域渗透进深度应用阶段，形成了以“降本增效”和“体验升级”为核心的双轮驱动模式。淘宝平台数据显示，在“双十一”期间，超200个品牌启用了数字人主播，直播时长累计超5000小时，部分品牌销售额同比增长30%以上。

1. 年度应用分析

从技术应用维度看，当前的数字人电商、直播呈现三大形态。

★ **基础功能型数字人：** 侧重商品信息播报，通过预设话术实现标准化内容输出。

★ **交互增强型数字人：** 借助自然语言处理技术，实时响应弹幕提问。

★ **IP定制型数字人：** 通过复刻企业高管或明星形象，强化品牌辨识度。例如，京东言犀打造的采销东哥，不仅复刻了刘强东的外貌特征，更通过动作捕捉技术还原其演讲风格，首秀即创下2000万观看量与5000万元成交额的“双高”数据。这种IP定制型数字人在品牌传播中展现出独特优势，通过人物形象的强关联性提升用户信任感。

商家对数字人电商、直播的青睐源于多重核心优势。

★ **全天候工作：** 数字人可以“7×24”小时不间断地进行直播，不受时间和空间的限制，为全球消费者提供服务。

★ **成本效益：** 和真人主播相比，数字人不用培训即可上岗，并且无须工资、社保等成本。

★ **稳定性与可控性：** 数字人在直播过程中具有更高的稳定性和可控性，不会因情绪、健康或其他不可预测因素影响直播效果，始终保持稳定状态。

★ **创新与多样化：** 数字人的形象和风格可以根据需求进行灵活调整，从而打造多样化的直播内容。这种多样化的直播形式不仅满足了不同观众群体的喜好，还为品牌和企业提供了更多的营销手段和推广方式。

★ **互动性与个性化体验：** 数字人直播提供了全新的互动体验，消费者可以与数字人主播进行实时互动，获取更个性化的服务和信息。

这种技术红利不仅体现在商业效率的提升上，更通过平台生态的赋能转化为真实的商业价值。

2. 典型案例

典型案例 1：淘宝数字人直播的规模化应用

在人工智能技术的深度赋能下，淘宝直播正经历着从人力密集型向技术驱动型的转变。依托阿里云的品牌智能直播间 SaaS 系统，平台构建了覆盖从虚拟形象生成、内容生产、直播运营到效果优化的全链路数字人直播解决方案，可以实现虚拟主播的妆发、服装、捏脸等形象定制、话术生成及多模态交互。系统通过 AI 驱动的数字人技术实现虚拟主播的全生命周期管理，支持 3D 建模、面部表情管理、服饰妆容动态更换等个性化配置，结合商品知识库自动生成包含智能配图的直播脚本，使商家可在半小时内完成开播准备。核心交互系统中融合了语音情绪韵律表达、肢体动作智能驱动、实时问答响应等多模态技术，配合 2D/3D 虚拟背景切换、动态花体字特效、智能字幕生成等场景化功能，做到 24 小时不间断开播且无须真人参与。系统提供的年轻化的数字人形象库更契合 Z 世代的审美。

据淘宝数据披露，智能直播间上线 6 个月就达到了独立访客数（Unique Visitor，UV）破亿，总带货数千万件，部分品牌，商家的数字人主播转化率已达到接近真人主播的转化率，被誉为“大促神器”。这种技术驱动的直播新范式不仅重构了人、货、场的连接方式，更标志着电商直播正式跨入“智能体驱动数字人”时代。随着多模态大模型技术的持续进化，未来的电商行业将实现更深度的虚实融合，为零售业开辟更具想象力的数字化增长空间。

典型案例 2：抖音“柳夜熙”的范式创新

数字人在电商领域的渗透呈现多元化发展路径。除直播带货外，数字人技术正在与内容电商、品牌营销等深度融合。抖音作为主流直播平台也已孵化出众多数字人主播，涉及娱乐、美妆、知识科普等多领域，如美妆数字人柳夜熙，凭借独特的角色设计和创新的形态，成为数字人电商模式的另一标杆。

柳夜熙以赛博朋克融合东方美学的虚拟形象为核心，通过高精度建模技术打造出具有辨识度的“元宇宙美妆师”人设。角色设计融合玄幻叙事与现代科技元素，如标志性的机械义肢、发光妆容，既符合 Z 世代审美偏好，又为品牌植入创造天然场景。在运营模式上，柳夜熙开创了“剧情短视频 + 轻量电商”的新路径：通过每期 1—3 分钟的奇幻短剧展开美妆教学或未来世界探险，在剧情发展中自然融入合作品牌的眼影、粉底等产品，用户点击视频中的购物车即可跳转至品牌旗舰店。这种弱化直接推销、强化内容价值的模式，使“柳夜熙”相关视频单条平均播放量突破 2000 万，粉丝量超 800 万，广告合作报价达 300 万元 / 条。

相较于淘宝数字人直播强调的“24 小时转化效率”，柳夜熙的运营模式更侧重于品牌价值的长线沉淀。内容团队通过持续产出电影级视效的短视频，构建起“元宇宙”“美妆宇宙”的 IP 世界观，为欧莱雅、完美日记等合作品牌赋予科技未来感。数据显示，其视频中植入的美妆产品点击转化率比传统达人视频高出 40%，用户停留时长达到普通电商视频的 3 倍。这种以 IP 内容为载体的品牌营销，既避免了用户对广告的抵触心理，又通过持续的内容更新维持了粉丝的黏性。

小 结

数字人在电商直播领域的快速渗透，既带来了运营效率的革命性提升，也暴露了技术与商业融合过程中的深层矛盾。尽管头部平台通过算法优化和场景创新取得了显著成效，但行业整体仍面临着多重挑战。

技术层面，高精度建模与实时渲染的硬件成本居高不下，中小商家难以负担；交互系统的情感识别与自然对话能力尚未达到真人主播的细腻程度，用户体验存在断层。

内容层面，过度依赖模板化生产导致数字人形象同质化严重，IP 差异化不足，难以维持用户黏性。

商业层面，数据隐私与算法偏见问题逐渐凸显，数字人直播中用户行为数据的合规使用与智能推荐的公平性面临着监管考验。

此外，跨平台内容分发的技术壁垒与用户认知差异，也制约着数字人电商生态的全域拓展。这些问题既是技术演进的攻坚方向，也是行业规范建设的重要命题，唯有在创新中平衡效率与伦理，才能真正释放数字人技术的长期价值。

文旅文博场景

2024年，数字人技术在中国文旅、文博领域的应用已从初步探索迈向深度渗透阶段，形成了“服务支撑、文化活化、体验升级”三位一体的发展格局。在技术迭代与用户需求的双重驱动下，数字人不仅成为景区数字化转型的核心工具，更被赋予了文化传承与创新的时代使命。

1. 年度应用分析

当前文旅数字人主要覆盖三大功能维度。

★ **智能服务场景：**数字人导览员通过多模态交互提供多语言讲解、个性化路线规划及实时咨询服务，如首都博物馆AI导览员京慧、伪满皇宫博物院AI五号讲解员等。

★ **文化IP活化：**以南昌滕王阁AI王勃、成都杜甫草堂AI杜甫为代表，通过动作捕捉、AI生成与区块链技术，构建动态文化符号，实现历史人物从“静态展示”到“可交互、可共创”的转变。

★ **营销转化：**数字人通过直播带货、周边衍生品等形式，展示文创周边产品，提高旅游地的商业价值和经济效益，助力文旅行业构建丰富文化产业链条，拉动地区经济增长。

三大核心功能维度覆盖信息咨询、文化讲解、互动体验、消费引导等全链条，显著提升了文旅服务的效率与用户沉浸度。

2. 典型案例

典型案例1：“敦煌仙子”——伽瑶的文化大使范式

作为首位数字敦煌文化大使，伽瑶以其独特的形象设计、沉浸式的互动体验和科技赋能的传播方式，成功搭建起连接传统与现代的桥梁，为敦煌文旅的创新发展提供了重要范例。

伽瑶的文旅应用覆盖线上线下多个维度。在线下，她以虚拟主持人身份参与敦煌文博会等大型活动，通过洞窟壁画讲解、敦煌舞表演吸引观众；结合VR技术打造的“寻境敦煌”沉浸展，让游客可360度探索洞窟细节，甚至“飞入”窟顶参与壁画中的故事情节。在线上，伽瑶通过虚拟直播、短视频等形式，以动画化、人格化的叙事方式讲述敦煌故事，如《敦煌仙子和她的朋友们》系列短视频累计播放量破千万，微博话题#敦煌仙子和她的朋友们#阅读量达500万，成功触达年轻群体。此外，伽瑶还通过跨界合作拓展影响力，在《诗画中国》等国家级节目中展现文化魅力，甚至以12国语言向全球观众传递敦煌祝福。这种多场景、多形式的文化互动，打破了传统文旅的时空限制，使敦煌文化的传播更具张力。

伽瑶的文旅实践呈现了三大核心特点：其一，文化科技深度融合，以数字技术激活静态文物，实现文化遗产的“活态传承”；其二，交互体验沉浸化，通过虚实结合的方式增强游客的参与感与代入感；其三，传播内容年轻化，以动画、游戏化叙事吸引青少年群体，增进文化认同。

据悉，伽瑶还将继续基于“云游敦煌”小程序构建的敦煌文化知识图谱，掌握丰富的敦煌文化知识，成为云游敦煌的首位数字讲解员，随时随地跟线上游客交流敦煌文化知识，带领更多人领略敦煌文化的魅力。

典型案例 2：关剑：——文旅景区的数字化“新衣”

数字人关剑是剑门关的数字代言人，以剑门关历史为依托，深度融合蜀道文化、三国文化、关隘文化，被赋予了忠义、无畏、守护苍生的核心 IP 性格，成为剑门关景区的数字化“新衣”。

关剑于 2024 年 9 月正式亮相，又在短短四个月内，亮相中国国际服务贸易交易会、全球数字贸易博览会、“天问”华语科幻文学大赛，并以实时动捕的方式参与了广元市文化和旅游发展大会暨国际旅行商大会，与现场主持人和外籍嘉宾共同推介当地文旅资源；全平台社交媒体账号累计发布超 100 条动态，以 CG 动画、AI、XR、Cosplay 等多种形式呈现多元化的风格内容，快速取得了全网“粉丝破万，曝光量破亿”的成绩，实现了文化传播与商业价值双赢。

“关剑游华夏”计划将与北京故宫、长城等地标联动，未来将辐射全国并出海瑞典，通过数字人这一创新形式激活传统文化 IP 的全球化表达。这种“历史 IP+ 数字引擎”的运营范式，为传统文化景区提供了“轻资产、强传播、可持续”的转型路径，助推文旅产业从“资源依赖”向“创新驱动”跃迁。

据四川省广元市剑阁县人民政府党组成员、副县长陈映儒介绍，关剑于古老剑门关、千年古蜀道的悠久历史中孕育而生，承载着数字时代剑门关的新使命，既有剑门关历史厚重的一面，又有年轻新质的一面。关剑连接古今，是多元剑门关的具象体现。关剑的诞生让古老的剑门关焕发年轻新颜，让蜀道文化活起来、动起来了。他也是西部发展中地区破土向上的精神象征，代表着这片土地的勤劳、不屈、坚毅向前。关剑所带动的剑门关文旅热度，也将有效助力西部发展中地区的乡村振兴、创造新的经济增长范式。陈映儒表示：“未来，关剑将参与文旅推介、智能互动、跨圈合作等，成为深受广大游客朋友、特别是年轻游客们喜爱的出游好搭子、嗨玩好伙伴、文化好同学。我们也更希望借由关剑，让大家深度了解剑门关所在的千年古蜀道、千年古柏树群，推动大蜀道文化传播和大蜀道国际旅游目的地建设。”

图 5-2　文旅数字人关剑

小 结

文旅文博是过去一年里数字人IP最热门的应用场景，无论是虚拟偶像代言，还是各地文旅推出的数字员工，都在流量和服务两方面取得显著成效，数字人作为AI技术与文旅产业融合的新载体，正在为用户提供更智能、更沉浸式的体验，成为文旅文博服务的新抓手。

然而，在现有技术下，数字人的语义理解、情感反馈和动态响应能力有限，难以应对文旅场景中复杂的个性化需求（如方言交流、文化典故解答）。此外，文旅场景对文化内涵准确性的要求极高，而AI生成内容可能存在历史细节错误或文化符号滥用风险（如误读非遗技艺、混淆地域文化特征）。运营方面，数字人开发需整合3D建模、AI训练、IP设计等多个环节，中小型文旅机构和景区的人才往往难以支持这一系列开发工作；后续内容更新、系统迭代亦需持续投入。部分场景下，数字人"机械感"过强，使文旅行业核心的"人文温度"变低了。

数字人在文旅领域的应用潜力巨大，但需突破技术、内容与运营的多重瓶颈。未来需聚焦"文化价值+技术创新+用户共情"的融合，通过定制化内容、轻量化部署和开放合作模式，让数字人真正成为文旅产业升级的"数字文旅体验官"，而非冰冷的技术符号。

教育场景

数字人在教育领域的应用已带来多维度融合的技术生态，主要有虚拟教师、智能助手和教育、管理服务型数字人三类。

1. 年度应用分析

虚拟教师：资源均衡化、教学针对化

虚拟教师通常应用于特定领域的教学场景如考公考研辅导、专业课教学、实验指导等场景，能够提供专业课程、教学互动及多语言支持，满足不同学生的学习需求。传统教学视频制作流程复杂且成本高昂，包括备课、拍摄、剪辑等环节，数字人的应用能够大幅缩短教学内容生产周期，提升效率。当前，在线教育平台广泛尝试虚拟教师的教学应用，对真人老师进行动作、声音克隆，逐步替代传统真人教师开展大规模在线授课。此外，虚拟教师还适用于单独的自主学习场景，包括零基础教育、专业考试辅导、手语口语教学训练及健身教学等，搭载 AI 实时分析用户输入，实现实时内容识别和答疑，为学生提供一对一针对性辅导，显著降低人力和时间成本。

虚拟教师的运用能够提升个性化教育的效率与质量，解决传统教育无法匹配不同个体教学需求的痛点，满足学生的差异化需求。在义务教育授课场景下，虚拟教师的引入也能够有效缓解偏远地区师资短缺的问题，促进优质教育资源的均衡化。

2. 典型案例

典型案例 1：小鹿老师

中公教育推出的 AI 小鹿老师，兼具虚拟讲师与助教的双重身份，可实现实时互动答疑以及个性化学习路径规划。小鹿老师支持语音与文本的双重交互方式，能实时分析学生的学习情况，快速“诊断”知识薄弱点并推荐针对性学习资源。在职业资格考试培训场景中，小鹿老师通过高频次互动和高准确率的实时反馈，有效帮助学员提升备考效率。

智能助手：跨学科、全流程辅助自主学习

智能助手类数字人在教育领域主要应用于课前、课后辅助，常以可爱、亲和的 2D 虚拟形象出现，易于被用户接受和喜爱。这类智能助手主要应用于学生的自主学习过程中，适用于自学辅导、课后巩固、作业指导批改、计划制定等场景，帮助学习者更好地规划学习内容和提升学习效率。在功能层面，智能助手通常搭载人工智能算法，帮助用户搜索资源和进行知识点整理，并提供作业批改服务，还能对学生学习的薄弱环节进行快速“诊断”，根据学生的个体差异调整学习计划，帮助提升学习效率。

目前，尽管国内已有众多平台尝试引入智能助手，但整体功能深度仍处于偏浅层，大多停留于初步的互动和内容提供层面。同时，智能助手多数未具备成熟的虚拟形象，虽主要依赖文本和语音交互，但功能上已十分接近“完全体”的数字人，只待进一步在视觉形象、模型精度与互动方式等方面有所提升。

典型案例 2：艾比特

2024 年北京理工大学正式上线了校园智慧虚拟助理艾比特（iBIT），它以智能助理的身份为师生提供涵盖学习辅导、科研支持、校园生活服务等多场景、多维度的智慧服务。

在学生学习辅导方面，艾比特拥有跨学科的智能知识图谱，可定位学生的知识薄弱点，实时进行高效的知识检索和资源匹配，并根据学生的个性化需求提供定制化的学习方案和指导。此外，艾比特还能实时解答学生在学习过程中遇到的各种问题，提供代码优化建议、文档内容润色及在线翻译等专业服务，显著提高了师生的工作与学习效率。

教育、管理服务型数字人：精细化管理、智能化响应

教育，管理服务型数字人主要应用于校园服务与管理，扮演校园咨询、教务管理、心理辅导等角色。此类数字人常被部署于校园图书馆、学生服务中心、心理辅导室等教育场景中，以虚拟顾问、虚拟辅导员等多种形式出现。校园场景中的教育服务型数字人可以针对学生提出的具体问题提供解决方案，如日常生活指导、选课考试服务、教务咨询、场所引导、校园服务等，提升校园管理服务的效率与质量；对学生的情绪进行调节或提供心理咨询服务，协助学校了解学生的动向、关注学生心理健康。核心功能包括 24 小时实时在线响应，数据驱动的学生行为分析、学生需求分析等。

管理服务型数字人旨在提升教育组织与机构的精细化管理水平，解决传统校园管理中资源配置效率低下、服务响应不及时、人力成本高昂等痛点；通过大数据、人工智能等前沿技术的深度融合，为校园管理与服务提供更有效的决策方案，推动教育管理场景的智能化转型升级。

教育、管理服务型数字人在部分高校内的应用表现较为突出，在标准化、重复性较高的场景中已达到预期效果，正在快速提升校园服务的整体智能化水平。

典型案例 3：问道中传

2024 年，中国传媒大学积极探索人工智能与教育领域的深度融合，并推出了基于先进大模型的校园知识助手问道中传。

问道中传通过整合校园内丰富的业务知识库和数据资源，提供全方位的信息咨询（我要问）、服务唤醒（我要办）、数据查询（我要查）及智能导办（帮我办）等多维度服务，将人工智能技术深入应用于教学、办公和校园生活等多元场景，有效重塑了校园的服务模式与管理机制。

在整体架构上，问道中传依托先进的大模型与自然交互技术，构建了“1+N”的服务体系。“1”代表了统一的校园服务入口，能够实现全校范围内的知识咨询、服务触达与数据分析；“N”代表多个针对细分业务场景精细化设计的“数字分身”，这些数字分身既是问道中传的一部分，也可独立于各部门的官方网站、App 和公众号运行，由专属管理员进行维护，真正做到横向无限扩展、纵向深度挖掘。

据悉，问道中传在持续拓展更多数字分身的部署与应用。作为问道中传“N”个独立业务场景之一的“新生帮手”，在 2024 年秋季开学期间率先上线中国传媒大学 App 新生报到板块，专注服务新生入学环节，涵盖线上报到、后勤保障、学费缴纳、信息化服务、校园生活、交通信息等六大核心领域。在新生入学季的一个月内，“新生帮手”成功帮助解决超过 200 种新生常见问题，服务学生数千人次，获得师生广泛好评。随后上线的还有面向研究生群体的中传研小助、本科生院推出的中传教务君，实现线上线下服务融合互动。2024 年年底，计算机网络学院的计算思维课程助教正式发布。

这些数字分身上线后短时间内即获得积极反响，计算思维课程助教上线两周内，用户访问量达 566 人，问答互动次数近 4000 次，显示了学生对教育服务数字人高效精准服务模式的高度认可。

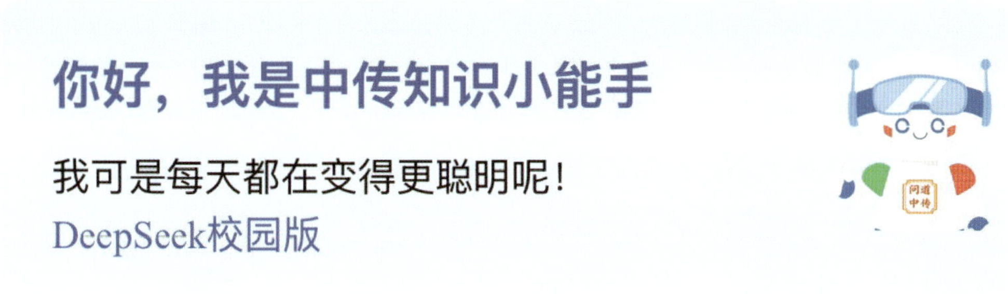

图 5-3 校园知识助手问道中传

小 结

数字人在教育领域已形成“虚拟教师—智能助手—教育管理服务型数字人”三位一体的应用生态，其核心价值在于通过技术普惠与场景适配推动教育模式的“个性化”转型。2024 年 AI 技术与多模态交互技术的突破，进一步加速了这一进程。

目前，数字人在教育行业的应用仍面临着极大的难题：技术成熟度有待提升，数字人在建立师生深层次情感联结、处理复杂场景和开放式问题时，难以完全替代真人教师，距离真正意义上的“因材施教”也仍有差距；用户适应性不高，部分学校师生对数字人参与教学的接受度较低、信任度较低，在应用过程中存在一定的阻力；成本高、普及度不足，开发与维护教育数字人应用所需资源成本较高，中小城市和偏远地区的普及程度远低于一线城市。

然而，从发展趋势来看，教育数字人正逐步发展成为高度综合的智能体，可覆盖多个学科和领域，实现知识和服务的跨学科融合；可积累和分析个性化问题，形成个性化数据库，提供更加精准和持续的学习支持；还能集成多种功能，成为服务平台的入口，带来更加便捷和高效的教育场景体验。

医疗场景

AI 正成为重构医疗生态的核心力量。随着医疗大模型的广泛试用，AI 数字人也开始在医疗领域实现价值。京东健康的数据显示，旗下医疗 AI 数字人的人工替代率最高已超 90%，过去一年服务用户超 3500 万人次。在此，重点分享三类医疗数字人应用：面向患者的智能导诊、虚拟医生类数字人，面向医生的医疗智能助手数字人，以及用于心理治疗的陪伴治疗数字人。

1. 年度应用分析

面向患者：智能导诊及虚拟医生

近年来，陪诊师这一新兴职业出现，为患者解决了挂号缴费、代取药品、等待陪伴等实际困难，但也面临着专业性、安全性、公平性等方面的质疑。数字技术的发展催生了虚拟陪诊师，借助先进的人工智能技术，提供智能分诊、诊中提醒、个性化治疗建议等综合服务。智能导诊主要应用于患者就诊前后的医疗场景，如医院导诊、住院服务等，尤其适用于不熟悉医院环境或就诊流程的老年人及外地患者。部分医院推出了数字人医师问诊服务，为患者提供初期医学观察建议以及后期治疗指导，减轻医院医护压力，服务对象覆盖各类患者。目前，不少医院积极引入数字导诊与虚拟医生服务，这些数字人不仅在线上提供分诊、导诊与基础医疗咨询服务，还在线下协助门诊进行流程优化和院区服务智能化改造，助力医疗资源均衡化，有效解决患者在用药询问、康复指导等方面医疗资源不均衡问题，极大地提升了医院服务效率和患者就医体验。

2. 典型案例

典型案例 1：安诊儿

2023 年 11 月，浙江省卫生健康委联合支付宝推出了全国首个数字陪诊人安诊儿，通过数字人技术，为患者提供全流程的医疗导诊服务。2024 年进一步升级技术，推出了“AI 就医助理”，为患者提供就医前、中、后“陪伴式就诊服务”。就诊前，根据患者描述的症状，智能推荐挂号科室并提供便捷的挂号签到服务；就诊中，提供个性化就医规划、院内导航、报告查询和医保支付指导；就诊后，自动为患者生成全面的健康档案，协助患者通过互联网医院平台实现长期健康管理。目前，安诊儿已广泛落地于浙江大学医学院附属第一医院、邵逸夫医院等浙江 92 家医院，在短短半

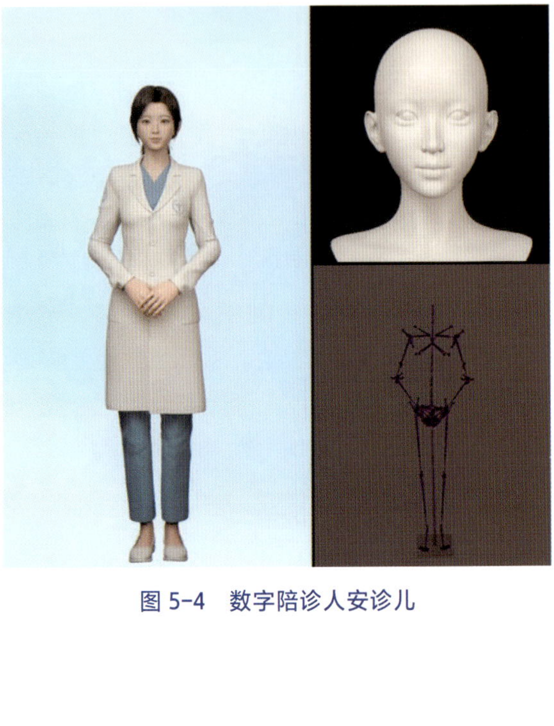

图 5-4　数字陪诊人安诊儿

年时间内服务患者超百万人次。

面向医生：可协作手术、精准决策的医疗智能助手

医疗智能助手作为医生工作中的重要伙伴，主要应用于医生日常诊疗室、手术室等环境，还可提供远程手术支持。通过多轮互动对话，智能助手能够实时解答医生提出的医学知识问题，协助医生操控医疗设备，迅速调阅病例、医学影像和相关信息，提升医生诊疗的便捷性与精准度。在手术中，医疗智能助手能够发挥关键作用，辅助医生精准操控设备、迅速调用医疗数据和信息，降低操作风险，提升诊疗质量。特别是在远程手术中，医疗智能助手可协助医生完成跨区域远程医疗操作，有效缓解偏远地区医疗资源短缺的问题。

典型案例 2：uAI Avatar

uAI Avatar 是一款面向医生群体的医疗智能助手，依托 uAI 语音识别、医疗文本大模型、具身智能等跨模态技术，能够与医生进行精准、高效的多轮互动对话，实时回答医生在诊疗过程中遇到的医学知识问题。uAI Avatar 还可协助医生高效操控医疗设备、实时调阅患者影像资料及病历信息，有效降低医疗操作风险并提高诊疗效率与精准度。在外科手术领域，uAI Avatar 数字人可快速加载影像序列，实现多路径智能风险预警、亚毫米级精准定位及 0.1mm 最小步进微调，有效保障手术操作的精度与安全性。

陪伴治疗数字人：情感陪伴与治疗

近年来，情绪障碍和心理健康问题日益突出，传统心理咨询服务面临着专业人员短缺、无法满足患者长期陪伴需求的困境。为此，陪伴治疗数字人逐渐进入医疗领域，可为心理疾病患者及易出现情绪问题的青少年群体提供长期的心理、情感陪伴和精神健康支持服务。

陪伴治疗数字人通过情感识别技术与人性化交互设计，实时监测患者情绪、语调变化，及时给予安慰与疏导，帮助患者缓解焦虑、抑郁等负面情绪。患者确诊后，陪伴治疗数字人可提供持续而稳定的情感陪护，提升患者的心理安全感与治疗依从性。同时，通过长期互动，陪伴治疗数字人可建立患者心理健康档案，辅助医生掌握患者的病情变化趋势，从而更精准地调整治疗方案。

典型案例 3：益小青

武汉“12355 关注成长”公益项目推出的数字人益小青，2024 年，借“AI 漂流”计划，陆续在武汉市校园、商圈、楼宇等多个青少年聚集场所推广部署“AI 伙伴”智能交互设备和青少年倾诉亭，为青少年提供全天候情绪疏导与心理陪伴服务。益小青的后台大模型能实时识别青少年的情绪变化与心理困扰，按照“心理安全四级防范”体系动态分析互动内容，精准描绘学生心理画像并生成风险预警信息，帮助学校快速识别和干预心理危机。

图 5-5　心理陪伴数字人益小青

小　结

2024 年，医疗领域的数字人应用逐渐细分为三大类，包括助力医疗资源均衡化的智能导诊、虚拟医生，实现精准决策、手术协作的医疗智能助手，以及提升医疗服务人性化程度的陪伴治疗数字人。不过，三者仍处于单点探索与试验阶段，在技术成熟度、伦理规范、商业模式等方面仍待探索。

多模态数据处理：在手术场景中，数字人需同步处理医学影像、生理信号等多源信息，对算力、实时性与成本控制有较高要求。由于缺乏充足的训练数据，面对罕见病咨询等低频高复杂场景，数字人的处理仍需大量人工介入校正。

共情与信任瓶颈：数字人缺乏真人医生的非语言沟通能力，在心理疏导、重大病情沟通等敏感场景难以与患者建立深层次的情感联结。部分患者对虚拟医生的权威性存疑，容易产生信任瓶颈。

伦理争议与责任界定：数字人所给出的医疗建议若出现失误，医疗机构、技术提供商与医生之间的责任划分尚不清晰。此外，患者和医生过度依赖数字人可能导致医患关系疏离，引发新的医疗风险与社会问题。

不过，随着人工智能、大模型和情感计算等技术的持续突破，医疗数字人的确有望在更复杂、更高精度的医疗场景中发挥更大作用。未来，医疗数字人的发展需要多方协同推进，探索更加安全、高效、人性化的应用模式。

6 前沿观点与行业展望

FRONTIER PERSPECTIVES AND INDUSTRY PROSPECTS

（一）前沿观点

探索“类人认知架构”数字人智能体

吕欣 教授

中国传媒大学数字人研究院院长、课题组顾问

近年来，“类人认知架构”正成为数字人智能体领域的重要突破口，使数字人具备更接近人类的认知和行为能力。这种架构借鉴人类大脑的感知、记忆与决策机制，为AI智能体注入了观察、规划、反思等能力，从而显著提升了人机交互的自然度、复杂任务执行效率以及对动态环境的适应性。与早期基于固定规则对话的聊天机器人相比，具备“类人认知架构”的数字人能够在开放场景中自主感知变化并调整行为，不再局限于预设脚本。这标志着AI从静态工具向自主智能体的转变，数字人开始以更加灵活智能的形象出现在我们面前。

从技术角度看，认知建模、强化学习、记忆机制与多模态感知等前沿AI技术共同构筑了数字人智能体的“大脑”。认知建模源自认知科学领域，通过抽象人类思维过程来设计AI架构，让智能体拥有模块化的心智，例如类似工作记忆、长期记忆和决策中心等组件。在此基础上，强化学习为智能体提供了通过互动获取经验的能力，智能体在与环境交互、反复试错中优化策略，通过奖励机制学会完成复杂任务。然而，仅具备强化学习能力的智能体在全新环境中的泛化应用能力十分有限，大语言模型等先进AI技术与认知架构相结合，才能够提供知识和常识先验，弥补传统强化学习型智能体在新情境下决策易失灵的短板 。

另一个关键是记忆机制的引入，使数字人不再是“短视”的瞬时反应者，而是拥有了纵贯时间的经验累积能力。记忆模块使得数字人能够“记住”过去的对话和事件，在长时间交互中维持人格和情境的一致性。多模态感知赋予了数字人全方位理解世界的能力，数字人可通过融合视觉、听觉、文本等多源信息，调用AI大模型来模拟人类综合感知，对环境的认知更全面和深入；多模态模型不仅提升了数字人对外界的感知精度，也让其反应更贴近人类的自然行为模式。这些技术要素相互配合，形成了类人的智能体架构：前有认知模型提供总体框架，中有强化学习和记忆机制支持对经验的获取与运用，后有多模态感知拓宽信息来源，共同推动数字人智能体的智能跃升。

展望未来，数字人智能体正朝着自主学习、认知架构优化和人机协作的方向演进。数字人可在复杂开放的环境中自行积累技能，不断进化。在认知架构方面，其将在实践中持续被优化，更高效的分层架构会出现——各模块分工明确又紧密配合，类似人脑皮层分区，拥有不同认知处理功能。同时，计算资源的进步将允许在智能体中部署更庞大的模型和记忆系统，实现推理、记忆、感知的一体化融合，向通用型人工智能更进一步 。此外，“人机协同”将成为常态，数字人智能体作为数字员工或虚拟同事，将和人类协作工作。可以说，从底层技术到应用落地，我们看到了AI智能体正变得越来越“像人”——既能思考和学习，又能理解多模态的信息并做出合乎情境的反应。在可以预见的将来，数字人将深度融入我们的生产和生活，与人类协同创造更高的价值。

AI 重塑网络视听：从内容革命到价值共生

周 结

中国网络视听协会副秘书长

当前，AI 已从“工具辅助”迈入“自主创作”的新阶段。以生成式 AI 为核心的多模态大模型（如 DeepSeek、Sora）正在突破传统视听生产的边界，让创作效率跃升、让交互范式升级：AI 在多模态、跨模态内容生成上，将生产周期从“天级”压缩至“秒级”，同时支持个性化定制，这将使得网络视听内容的 AI 生产进入规模化应用；AI 驱动的数字人、智能助手也正在重构用户互动体验。未来的视听形式将不仅是“观看”，更是“对话”——用户可通过自然语言指令实时生成并调整内容，形成双向共创的新生态。

可以看到，网络视听产业的底层逻辑正从“人力密集型”转向“智能密集型”，AI 将成为内容生产的“新基建”。

AI 不仅在改变创作方式，更在重构视听产业的商业模式。一方面，AI 带来内容的智能分发革命，“千人千面”的精准推荐已实现，更深远的影响在于，AI 将帮助内容突破“信息茧房”，通过跨圈层语义理解，连接小众优质内容与长尾需求；另一方面，XR 等技术结合 AI 生成能力，将催生沉浸式视听体验，构建交互式数字孪生空间，让文化传播突破时空限制。因此，网络视听的价值链正从“流量变现”向“体验增值”延伸，而 AI 是打通虚实场景的核心引擎。

技术狂飙之下，我们需要看到，AI 化的网络视听内容面临着版权与确权的争端、面临着真实性危机，特别是当 AI 生成内容具备情感诱导能力时，如何避免算法偏见与价值观扭曲更显重要。这就需要监管部门、产业与用户一起，构建“向善”的 AI 治理体系，让 AI 治理“技术可控、风险可溯、责任可究”，让技术服务于人类福祉而非与之对立。

我们正站在第四次工业革命的潮头，AI 与网络视听的融合，不仅是技术的突破，更是文明形态的演进。让我们以“技术向善”为锚点，共同构建一个“高效而温暖、智能且可信”的数字视听新时代。

多模态 AI 打造新一代数字人神经系统

万鹏飞　快手视觉生成与互动中心负责人

随着近年来 AI 技术的迅猛发展，大模型的多模态感知能力和生成能力都实现了效果上的突破。在多模态感知方面，AI 已经能够比较可靠地识别视频和音频等信息；在多模态生成方面，视频和音频的生成模型也越来越逼真。结合大模型逻辑推理、RAG、Agents、情感计算、推理加速等方向的发展，基于多模态 AI 打造新一代数字人神经系统成为可能。

和传统的 AI 数字人相比，新一代数字人神经系统可以让数字人具备更高的智商和情商，解决更有价值的实际问题；和中之人驱动的数字人相比，新一代数字人神经系统可以极大地扩展数字人的应用规模，且多个数字人之间还可以协作。新一代数字人神经系统预计将为人机交互、具身智能、世界模型等领域带来深刻变革，并产生巨大的社会价值和商业价值。

AI 技术普惠　数字人走向个人消费市场

郜静文　科大讯飞虚拟人平台业务部总经理

随着 AI 技术的飞速发展，数字人正逐渐从企业级应用走向个人消费品市场，成为技术普惠的重要体现。AI 技术不仅降低了数字人开发和应用的门槛，还为个人用户带来了全新的消费体验。

AIGC 的发展使得数字人的生成和定制更加高效、成本更低。2024 年 10 月，科大讯飞首发超拟人数字人，仅需一张照片，就能实现数字人的 AI 驱动，口唇、表情、动作均由大模型自动生成；在讯飞智作平台上，用户可以自定义数字人，实现企业 IP 营销视频、自媒体口播视频、媒体新闻视频、教育慕课视频等多种类的视频创作；在讯飞星火 App 上，用户可以创建多模态、多样化的数字人智能体——借助 AIGC，用户可以通过简单的交互和指令，快速生成属于自己的、个性化的数字人。

随着大模型技术的持续升级，数字人应用的创新场景不断出现。数字人不仅是媒体、金融、政务等行业提升效率的工具，也是媒体、文旅、文娱的传播新载体。被 AI 赋能的更智能的交互型数字人也开始应用于满足个人用户的娱乐、学习、社交需求，并在教育、医疗、个人陪伴等场景中持续发挥作用。

综上所述，AIGC 技术的普惠为数字人从商业到民用领域提供了坚实的技术支撑，创造了较多市场机遇。未来，数字人有望成为个人消费领域的重要组成部分，为消费者带来更加丰富和智能的体验。与此同时，当数字人成为个人消费品，数据隐私和安全问题将成为关注焦点，如何在技术普惠的同时，避免数字人技术的滥用和虚假信息的传播，也是需要持续关注和解决的问题。

AGI 赋能，数字人正成为全民级基座产品

雷涛　新壹（北京）科技有限公司 CEO

数字人技术正以 AIGC 作为核心引擎，经历着从“高成本、重资产”到“零门槛、轻量化”的颠覆性变革。

从高成本探索到轻量化普及

自元宇宙概念兴起以来，数字人已迎来两轮发展热潮。第一次热潮出现在 2021 年前后，彼时 3D 虚拟 IP、虚拟偶像成为品牌营销的标配。然而，由于大部分 3D 数字人依赖真人驱动，制作成本动辄高达数十万甚至上百万元，加之“恐怖谷效应”（低精度模型引发的不适感），导致其难以规模化落地。

近两年，生成式 AI 的突破引发了第二轮数字人浪潮，真人数字人开始崭露头角。与过去依赖海量数据训练不同，数字人对形象、声音的克隆如今已可通过微训练实现。例如，新壹科技已实现基于“3 分钟视频 +10 秒语音”的轻量化生成方式，将数字人制作成本压缩至千元甚至百元级，大幅降低了门槛。

与此同时，数字人的推理（视频生成）技术也突破了硬件和成本的限制。过去，生成高质量数字人视频需要昂贵的专业服务器，而如今用户在家用电脑上即可完成制作，进一步降低了边际成本。这使得数字人的应用群体从企业扩展至个人用户，形成了更广泛的市场基础。

除了真人数字人，图片数字人同样迎来了技术升级。如今，数字人表情与动作驱动愈加自然，且因更强的可塑性与易用性，在娱乐化场景中的适应性更佳。用户仅需上传一张图片、提供 10 秒语音，即可快速生成个性化的图片数字人。例如，在 2025 年春节期间新壹科技携手中国移动推出的“数智人新春活动”中，上百万名手机用户参与制作了专属数字人表情包，推动了数字人在 C 端市场的普及。

LLM 与 VLM 赋能，拓展数字人交互边界

随着大模型和视觉语言模型（Vision-Language Model，VLM）的加持，数字人的交互能力正变得更加智能化。尤其是像 DeepSeek 这样的低成本开源模型的涌现，使数字人可以进行更复杂的对话交互，极大地拓展了应用场景。例如，在金融、政务、客服等窗口服务场景中，数字人正逐步取代传统人工服务。

如果说此前的数字人主要局限于影视、娱乐领域，如今它们已在电商直播、教育宣讲、金融保险、泛生活等多个行业落地，并且变成了用户真正“用得起、用得到、用得好”的 AIGC 产品。

从专业工具到全民基座型产品

AGI 的持续迭代正在推动数字人从“专业工具”向“全民级基座产品”转型。从最初的营销噱头，到如今的商业刚需，数字人正以 AI 为引擎，掀起一场全民生产力革命。

作为视频大模型企业，新壹科技正通过 AI 训练技术与生成技术的深度结合，加速推动数字人技术普惠化。例如，我们旗下的“秒创 AI”平台，已支持用户低成本生成个性化数字人，可被广泛应用于娱乐、营销、教育、电商直播等场景。同时，我们在积极拓展与金融、教育、文旅等行业头部企业的合作，共同完善数字人互动解决方案，进一步释放技术的商业价值。

未来，随着 AI 模型的持续进化，数字人将在更广泛的行业场景中发挥作用，成为新一代智能生产力的重要支撑。

AIGC 与高斯建模成数字人行业发展方向

翁冬冬　数字栩生（北京）科技有限公司联合创始人 CTO

2024 年是数字人技术从实验室走向规模化应用的关键年，AIGC 的普惠性与高斯技术的精细化建模，共同构建了数字人生态的双引擎。预计 3—5 年内，数字人将实现从“工具型”到“伙伴型”的转变，在医疗陪护、教育导师、工业助手等场景中普及，最终迈向“超写实 + 强智能”的终极形态，重塑人机共生新生态。

AIGC 驱动下的数字人：从 2D 到实时视频大模型的飞跃

基于 AIGC 的 2D 数字人技术已实现高度商业化，尤其是在视频制作和直播领域表现突出。例如，通过几分钟的真人视频输入，即可生成高度逼真的数字人形象，并自动完成表情、语音和动作的合成。这种技术大幅降低了制作成本，使中小企业和个人用户也能轻松打造专属 IP。

2024 年，视频生成大模型技术（如文生视频技术）的突破，推动了实时数字人的发展。例如，百度文心一言已支持 4300 多个泛化场景，用户可通过自然语言指令实时生成数字人视频内容。这种技术不仅提升了交互效率，还支持动态背景替换和情感化表达，使数字人能够适应更复杂的应用场景，包括医疗问诊、教育培训等。实时渲染技术的进步进一步降低了延迟，例如腾讯云开发的 AIGC 工具链，可自动完成建模、纹理合成和动画生成，使数字人直播的响应时间缩短至毫秒级，实现“真人级”流畅体验。

高斯建模技术：从 NeRF 到动态可驱动的 4D 革命

NeRF 作为 3D 重建的核心技术，通过隐式神经场实现了高精度场景建模。2023 年，其衍生技术（如动态 NeRF）开始支持数字人的实时渲染，但受限于计算资源与数据需求，应用场景较为有限。

2024 年，基于高斯泼溅（Gaussian Splatting）的动态建模技术成为热点。该技术通过优化高斯分布参数，实现了高效的可驱动式数字人生成。例如，杨雪婷团队提出的 D-IF 框架，利用隐式分布场区分表面细节与不确定性区域，显著提升了服装褶皱和肢体动作的真实性。在商业化层面，联动云通信推出的“三维高斯引擎”，支持从单目视频中快速重建 3D 数字人模型，并实现表情、手势的实时驱动，已在虚拟主播和元宇宙场景中得到应用。

4D 高斯技术进一步扩展了时间维度，支持动态场景的连续建模。例如，吴豪宇团队开发的 EmoTalk 模型，通过解耦语音中的情感特征与内容，生成与情绪匹配的 4D 面部动画。这种技术不仅适用于影视特效，还可用于心理治疗中的虚拟陪伴场景中得到应用。

从数字栩生的实践看，我们采用基于网格模型驱动高斯点云，将每个三维高斯嵌入网格模型对应的三角面，每个三维高斯跟随对应的三角面移动，从而实现高斯模型的驱动，现已在 Unity 平台上实现了动态高斯的实时渲染。用户可使用手机实时捕捉面部数据，驱动高斯人头做出同样的表情。此外，数字栩生利用自研的全身采集设备获取目标人体在不同动作下的图像数据，训练动态高斯人体模型，可以实现高斯人体的采集和重建，我们也将持续进行技术探索。

技术 + 场景，AI 数字人 = 下一代智能入口

郭晓喆　蓝色光标元宇宙 IP 业务负责人、蓝色宇宙合伙人

2021—2024 年，整个数字人行业从火热到遇冷，经历了去泡沫化到刚需化的产业周期，而 AI 技术的不断突破，让数字人行业迎来了二次新生。从最初的概念、形象设定到更落地的行业、产业应用，数字人行业也从“虚拟”走向“现实”，路径更为清晰、发展更为稳定。

整体来看，数字人行业有两大变化：一是技术迭代，数字人从皮肉（外形）向骨相（硬件载体）、灵魂（AI 智能体）进化，从单纯的数字人、虚拟偶像形象向更人格化、智能化，更具互动性的 AI 数字人转型，生成式 AI 与多模态交互技术的融合显著提升了数字人的内容生成能力，数字人有了更自然的肢体动作、表情管理和更聪明的大脑、小脑。二是场景迭代，智能体结合硬件（屏幕终端、穿戴设备、移动装置）也为数字人带来了更广泛的应用空间，从泛娱乐产业走向垂直行业与细分场景，演绎型数字人满足新文娱消费、审美需求，服务型数字人实现降本增效、产业升级，未来，AI 生成文创类数字人将满足 IP 陪伴互动需求。

在应用层，垂直场景可以给数字人提供最好的数据土壤、刚需价值与更长的生命周期。文博文旅是最具价值的场景，既是先天的内容方，也具有巨大的线下流量。从 2022 年初推出数字人苏小妹至今，蓝色宇宙一直聚焦文博文旅，陆续跟眉山、上海、苏州等城市合作推出系列文旅短剧、直播等内容，用于线上宣传。同时，蓝色宇宙与剑门关景区、吉林文旅、北京舞蹈学院等单位合作推出了数字人关剑、初一和玄龙、小北和小舞，探索更多数字人应用的可能性。

未来，整个数字人行业势必走向虚实相生，从原来线上的数字人宣传、数字人内容创作转向线上线下联通的智能互动、智能文创，应用于更广泛的智能文旅、智能教育、智能营销场景。因此，2025 年我们将更聚焦数字人智能产品，全面升级数字人 IP，开发数字智能体、智能互动装置与陪伴型 AI 文创，落地各大博物馆与景区，将数字人打造成文旅服务的智能入口，应用于博物馆 / 景区智能陪伴讲解、机场入境游导览入口、教育 / 研学智能互动陪伴型文创等场景。同时，我们会把握文化出海机遇，随着旗下“华夏漫游”XR 大空间产品的国内外市场布局，持续探索“数字人 +AR/VR”和其在中国文化出海上的可能性。

行业探索 | 探索国内首个财经新闻智能体

董家朋 李卓 中国经济网创新实验室

在新闻领域，传统分发模式已遇到发展瓶颈，主要依靠网站和 App 的信息传播，缺乏多渠道触达能力，难以覆盖广泛的用户群体，亦缺乏精准分发与反馈机制。在人工智能时代，“人找信息”向“信息找人”嬗变，特别是大模型的出现，驱使“机械投喂”的被动信息传受向受众自我驱动下的信息搜索转变。在此背景下，中国经济网调研了 40 多款国内外具备文本处理、跨模态交互等能力的智能体，率先抢占智能体在新闻场景中应用的先机，探索打造首个财经媒体智能体数字人，实现财经新闻播报、行业知识咨询等功能。

目前，中国经济网以人工智能大模型、数字人生成等技术为核心，打造的“中经云端智能体”已具备以下创新能力。

智能对话开拓信息传播新模式。中经云端智能体以自定义知识库和中国经济网新闻数据抓取为输入，以数字人形象和智能语音为输出，打造成财经新闻智能体。用户可以在与智能体数字人的对话中阅读新闻，并对新闻提出追问，智能检索关联内容，总结深度解读，增强用户的阅读体验。例如，用户在阅读一篇经济新闻时，可以追问该事件对本地经济的影响，系统将基于已有数据与模型给出回答。智能体能够提升用户黏性与交互体验，打破传统单向信息传递模式，构建互动式新闻生态。在新闻问答对话中，智能体能够提升用户获取信息的深度与广度。

本地大模型部署智慧中枢。DeepSeek 具有高性能、低成本、完全开源的特性，显著降低了使用成本。中国经济网及时跟进研发，调整部署方案：通过分布式推理优化，利用多台服务器的计算资源，提高模型的训练和推理速度，采用模型并行技术，将模型切分，充分利用各服务器的计算能力；使用显存压缩技术减少模型对显存的需求，进一步提升部署效率。

专属数据打造智能体大脑。中国经济网是经济日报主办的国家重点新闻网站，以经济报道、资讯传播和经济服务为主要发展方向，致力于打造“最具权威性的财经网站和最有影响力的互动平台”。网站正式发布于 2003 年 7 月 28 日，目前拥有 100 多个涵盖经济生活各领域的专业频道，每日对外发布新闻信息 1 万条左右。人工智能能够充分利用海量无标注文本进行预训练，赋予大模型对文本内容的理解和生成能力。这意味着中国经济网每日更新的稿件文本已成为优质数据库、知识库，这为智能体的数据输入与训练奠定了坚实基础。通过项目交叉建设，中国经济网打通了内容管理平台与智能体系统，实现稿件的及时抓取，为智能体提供实时、动态的内容支撑。

数字人助推可视化传播。在实际场景中，我们并不满足于“对话框”式的交互模式，数字人作为前端显示是更为自然、更能提升交互体验的呈现方式。中国经济网建设的数字人创作平台采用真人 3D 化身重建与快速 3D 建模、智能语音合成与口型驱动动画计算等技术，实现了实时在线互动的体验效果。平台的数字人形象重建技术实现成本低、计算速度快、还原真实度高；智能语音合成自然、流畅，达到了新闻文字稿件转化音视频稿件的技术要求；智能识别语音、文本，能自动匹配口型，视觉上清晰分辨的口型对齐延迟被控制在 25ms 内。智能体以数字人的形态，整合文字、图表、音频、视频等多种媒体形式，以丰富多样、生动直观的方式呈现财经新闻。

主理人说 | 从文化传承到多元应用

天娱数字科技（大连）集团股份有限公司 AI 营销事业部总经理、北京元圆科技总经理　郑屹呈

作为我国首个文化出海的国风数字人，天妤目前全网粉丝量超550万，视频播放量超5亿，相关话题播放量破10亿，相关视频在TikTok上的总播放量也突破了180万。天妤的成功绝非偶然，而是在人设打造、内容创作与商业合作等多方面精心布局、创新运营的结果。

在人设打造上，天妤注重文化与审美融合，塑造有反差的角色。天妤的妆容、发型、发饰、服装都是敦煌服饰文化研究暨创新设计中心的专家老师在史料基础上，参考了大量唐代出土文物设计而成的。他们不仅塑造出了极具中式美学且独一无二的外在形象，更赋予了天妤深厚的文化底蕴和使命担当，为天妤相关内容的广泛传播和商业价值的提升奠定了坚实基础。

创意内容的持续输出是天妤出圈的关键。系列短剧第一季《千壁寻踪》，以天妤寻找碎片为线索，将巾舞、围棋、京剧、醒狮、武术等传统文化元素巧妙地融入现代化故事。这种“科技 + 文化”的呈现形式，既传承了传统文化，又通过年轻态、有趣的创意吸引了观众，实现了优质内容的强输出。

跨界合作打破了商业瓶颈，让天妤的IP价值最大化。天妤与电影《流浪地球2》《封神第一部》等超级电影IP合作，借助电影的高热度与广泛影响力，实现破圈传播；2024年还携手宁夏文旅首创数字人IP定制文旅短剧，以新颖的方式宣传地方文旅资源，拓展了应用场景。目前，天妤的商业合作已覆盖文旅、文娱、快消、汽车、教育、时尚等多个领域。

天妤的探索只是数字人发展的一个缩影，从娱乐到电商，从教育到文旅，虚拟偶像的应用场景不断拓展。随着技术的持续创新与突破，探索更多元的应用模式与内容形式，满足用户日益多样化的需求，为人们的生活带来更多精彩与惊喜，才能让数字人IP真正成为与人同行的伙伴。

主理人说 | 创新探索数媒融合新业态

浙江卫视数字人工作室负责人　方晨岑

在 AI+ 及媒体竞争新格局下，谷小雨运营团队专注于“AI 赋能”和“文化出海”两大战略方向，对数字 IP 谷小雨的“内容线”和“产品线”进行创新性规划。以优质内容创制为关键抓手，谷小雨积极亮相浙江卫视跨年晚会等热门节目，广泛参与杭州第 19 届亚运会、2024 年世界互联网大会·乌镇峰会等重大事件，同时创新整合联动各类资源，拓展业务多元化的广阔空间。

加速构建智能新范式

依托 AIGC 数字人播报平台，谷小雨实现了 AI 驱动的高效节目内容生产，能高频参与各类日播、周播新闻节目，快速联动各类综艺节目。团队积极探索各类媒体融合创新应用，不断突破内容创制边界，浙江广电集团旗下新媒体平台 Z 视介的谷小雨 AI 专区中有 AIGC 主题 MV、AIGC 互动连载短剧、AI 中文课等多形态内容；在数字人谷小雨的创制、运营、宣传全产业链中深度融合 DeepSeek 等大模型，实现更高效的内容创制。团队相信，AI 技术存在巨大潜力，在降低数字人内容制作成本、提升制作效率的同时，一定会为未来数字人发展注入全新动力。

开辟沉浸式互动新玩法

此前，谷小雨就以导览员身份入驻杭州国家版本馆、德寿宫等重点文旅场景，实现了从“屏幕”到“线下”的拓展。团队新推出的虚拟陪伴产品“小雨知道”全息互动盒，亮相 2024 年世界互联网大会·乌镇峰会，备受关注。这也让谷小雨成为国内首个可被“放置”在桌面全息舱内的超写实数字人，实现了谷小雨从“线下”到“身边”的再次革新，为用户带来了全新的交互体验。“小雨知道”在持续升级功能的同时，将结合谷小雨新东方比邻中文代言人身份，在互动盒中注入更多中文教学、中国故事，将谷小雨推向国际市场，创新传播中华文化。谷小雨还计划在 VR 大空间中化身卫视综艺首席推荐官，为玩家智能推荐《奔跑吧》《王牌对王牌》等热门综艺节目的经典游戏玩法，提供智能化的陪伴和解说，开创“文化 IP+ 沉浸文娱”的跨界融合新玩法。数字人有着连接与跨越“虚实”的天然优势，要勇于打破传统综艺观看边界，让观众从“旁观者”变为“参与者”，开创新型娱乐业态，实现“文化 + 技术”的双向赋能。

积极构建生态合作朋友圈

谷小雨有着自己的“中式朋友圈”，是“异次元天团”成员，联动国内“顶流”国潮 IP（黑悟空、白蛇、周同学），惊艳亮相卫视跨年晚会，共同出海参与海外知名展会。除了在内容创制上携手国潮“顶流”外，团队也积极构建与业务上下游产业链契合的生态合作朋友圈，与腾讯互娱知几、中国移动（浙江）创新研究院有限公司、新东方等重量级合作伙伴达成合作。团队将持续利用最新技术赋能，丰富谷小雨传统文化推广人的人设内涵，使其有形更有“魂”，推动谷小雨 IP 突破传统数字人框架，在媒体融合、文化传承、文旅创新等领域创造可持续的生态价值，为讲好中国故事提供 AI 时代的创新解法。

（二）行业展望

行业大事记

Chronicles of Major Events

2024年3月

首届 AIGC 与数字人发展论坛举办，作为中国网络视听大会的重点论坛，AIGC与数字人发展论坛发布了《AIGC 网络视听应用案例》及《2024 中国数字人影响力报告》，集中展示了AIGC 与数字人的前沿技术与工具、行业应用与探索。

2024年5月21日

欧盟《人工智能法案》由欧盟理事会正式批准通过，并于 8 月 1 日正式生效。这是全球首部针对人工智能的专门性法律，对人工智能系统的监管框架以及快速发展的 AI 数字人治理有重要的借鉴意义。

2024年9月

马上消费金融股份有限公司向 IEEE SA 提报的《3D 数字人建模和驱动的技术要求》标准获IEEE 立项，这是全球首个明确定义 3D 数字人重建和驱动技术规范的标准，推动了数字人行业标准化建设。

2024年9月23—24日

由中国互联网协会主办的首届“中国数字人大会”在北京召开，大会以 数字人应用与未来”为主题，就关乎数字人发展的战略、技术、应用、安全、人才等问题进行系统研究，发布了《中国数字人发展报告（2024）》等多份权威报告并举行了首批数字人应用联合实验室签约仪式。

2024年11月28日

国家广播电视总局正式发布《数字虚拟人技术要求》，从数字虚拟人的基本分类、主要应用场景、形象设计、驱动技术、平台能力以及安全能力等关键领域，全面规范了广播电视和网络视听行业中数字虚拟人的技术应用，为行业健康发展提供技术支撑。

2024年12月19日

2024 年元宇宙标准化大会召开，虽聚焦元宇宙，但相关标准和案例对数字人在元宇宙场景的应用和发展也起到了重要推动作用。

2025年3月

国家互联网信息办公室、工业和信息化部、公安部、国家广播电视总局联合发布《人工智能生成合成内容标识办法》，自 2025 年 9 月 1 日起施行。

1

◎ 发展路径：数字人→数智人→人形智能体→群智数字人
◎ 类人认知架构成为智能体的重要突破口
◎ 自主智能体（Agentic AI）推动数字人演进

4

◎垂类行业技术服务商加入数智人竞争
◎广电及文旅 IP 持续增长，影视、短剧领域开启广泛应用

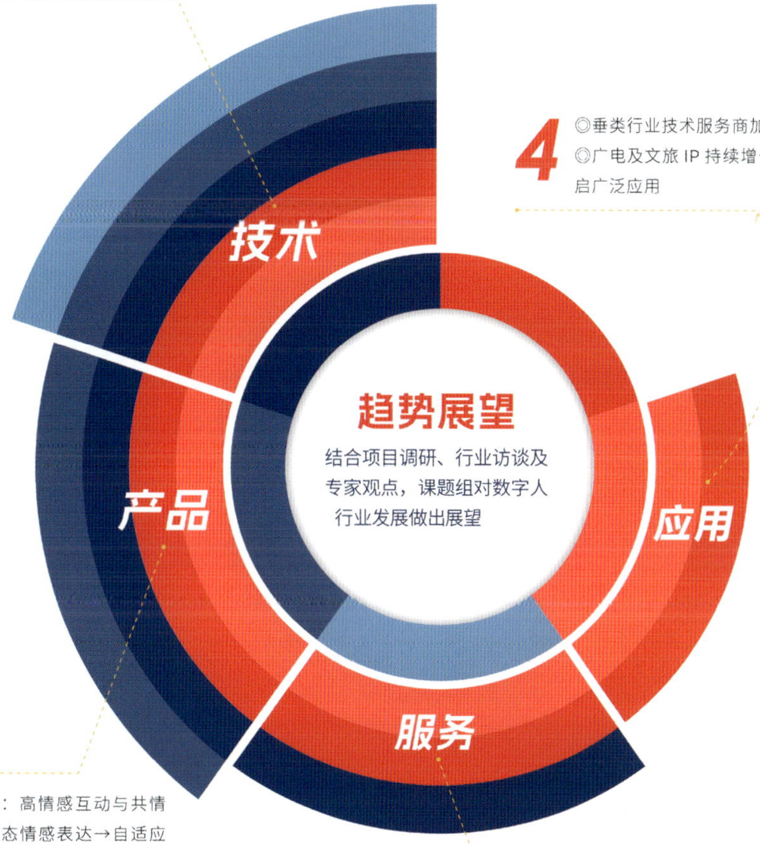

2

◎发展路径：高情感互动与共情能力→多模态情感表达→自适应学习→智能创作伙伴→AI Agent
◎继 2D 真人数字人后，3D 数字人出现全民级应用
◎数字助手成为App必备；AI 数字人或替代 App，成为服务新入口

3

◎ 发展路径：创意灵感引导人→自主服务工具人→认知陪伴情智人
◎ 以恋爱、情感为基础的游戏 IP、陪伴 IP 迎来快速发展

图书在版编目（CIP）数据

2025 中国数字人影响力指数报告 / 张丽锦等著 . -- 北京：中国传媒大学出版社，2025. 6.

ISBN 978-7-5657-3965-1

Ⅰ. TP3

中国国家版本馆 CIP 数据核字第 2025PX2309 号

2025 中国数字人影响力指数报告

2025 ZHONGGUO SHUZIREN YINGXIANGLI ZHISHU BAOGAO

著　　者　张丽锦　黄浩程　吕　欣　沈　浩
策划编辑　高蝴蝶
责任编辑　于水莲　张斯琪
责任印制　李志鹏
封面设计　陈　曦　艺点锦秀

出版发行　中国传媒大学出版社
社　　址　北京市朝阳区定福庄东街 1 号　　**邮　　编**　100024
电　　话　86-10-65450528　65450532　　**传　　真**　65779405
网　　址　http://cucp.cuc.edu.cn
经　　销　全国新华书店

印　　刷　北京中科印刷有限公司
开　　本　787mm×1092mm　1/16
印　　张　9.75
字　　数　248 千字
版　　次　2025 年 6 月第 1 版
印　　次　2025 年 6 月第 1 次印刷

书　　号　ISBN 978-7-5657-3965-1　　**定　　价**　68.00 元

本社法律顾问：北京嘉润律师事务所　郭建平